EBS 대표강사 이지연 선생님이 알려주는

중학수학 유형 레시피

중3

EBS MEDIA

EBS 대표강사 이지연 선생님이 알려주는

중학수학 유형 레시피

중3

이지연 지음

상상아카데미

머리말

안녕하세요. 여러분!

저는 여러분들의 든든한 수학친구 이지연 쌤이에요.

쌤이 EBS에서도, 학교에서도 중학교 3학년 친구들을 만날 기회가 참 적었는데, 이렇게 책을 통해 만나게 되어 정말 반가워요. 쌤도 이 책을 집필하면서 우리 중학교 3학년 친구들이 수학을 공부하면서 얼마나 힘들었을지 알게 되었어요.

쌤도 오랫동안 선생님을 하다 보니 수학공부와 관련된 인터뷰를 할 기회가 종종 있었는데 그때마다 공통된 질문이 바로 이거였어요.

"분명 아이들은 수학을 좋아하는데 도대체 언제부터 수포자가 생기나요?"

그때마다 쌤은 초등학교 4학년, 중학교 3학년을 꼽았던 것 같아요.

초등학교 4학년은 우리가 무사히 거쳐왔으니 중학교 3학년 때 왜 수포자가 되는지 이야기해 볼게요. 중학교 3학년은 수학에서 참 많은 변화가 일어나는 학년이에요. 교과서가 가장 얇은 대신에 단 한 단원도 술술 넘어가는 단원이 없죠?

무엇보다 학생들이 어려워하는 것은 루트의 등장이에요!

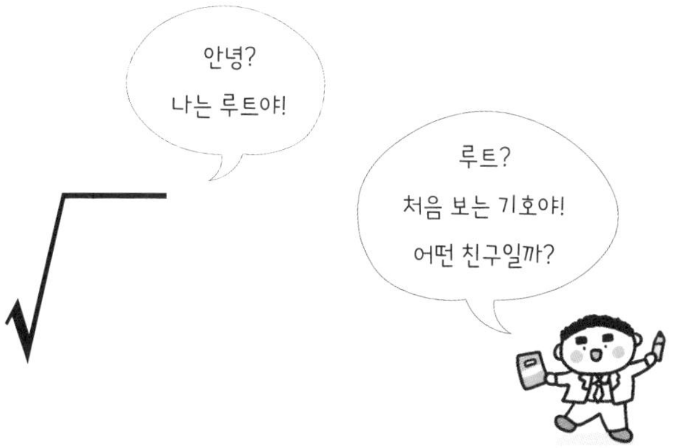

지금까지 배웠던 음수나 제곱의 개념까지는 괜찮았는데, 루트가 등장하면서부터 학생들이 수학을 많이 어려워한답니다. 게다가 '제곱근 3'과 '3의 제곱근'이 같은 의미가 아니라는 이상한 말도 듣고요.

겨우 루트를 이해하려고 하면 이제 루트를 이렇게 저렇게 변형하는 문제들이 나오고 심지어 쉽고 반가웠던 직각삼각형이 배신을 하죠! 바로 삼각비인 sin(사인), cos(코사인), tan(탄젠트)가 등장해요.

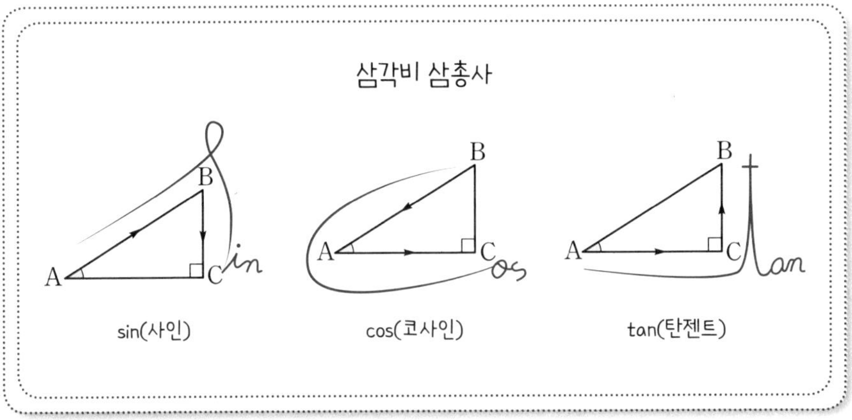

이 책에서는 쌤이 짚어준 루트, 이차방정식, 이차함수, 삼각비 등 정말 너무 많은 새로운 용어와 개념이 등장하는 데 이게 다 고등학교 수학에 꼭 필요한 요소들이에요. 쌤도 늘 중학교 3학년 수학 교과서를 볼 때마다 '와! 중학교 3학년을 놓치면 수포자가 될 수밖에 없겠구나….'라는 생각을 많이 했어요.

게다가 쌤은 친구들에게 공식을 외우라고 하는 것을 싫어하고 "절대 외우지 말고 이해하세요!"라고 말하는데 중학교 3학년 수학은 꼭 외워야 할 것들이 너무 많아요.

이것은 곧 중학교 3학년 수학만 우리 친구들이 제대로 공부하면 앞으로 쉽고 편한 수학인생이 풀린다고 장담할 수 있어요. 다름 아닌 쌤의 경험담이거든요.

여러분들에게도 쌤과 같은 열정의 시기가 있기를 바라며 혹시나 몇몇 친구들에게는 이 책이 쌤의 중학교 3학년 시절에 열심히 공부했던 너덜너덜해진 문제집과 같은 역할이 되기를 소망해 보아요.

이제 쌤과 함께 중학교 3학년 수학 속으로 한번 떠나 볼까요?

이지연

중학수학, 재밌게 푸는 법

이 책은 새로운 수학 교육과정에 따라 중학교 수학을 유형별 문제로 나누어 정리하였어요.

쌤과 함께 중학수학 3학년 과정을 쉽고 재미있게 풀어 보아요.

1. 쌤과 같이 처음부터 끝까지 공부해요!

기초적인 개념이나 유형별로 잘 정리된 수학 교재는 시중에 이미 많이 나와 있어요. 그럼 어떤 책을 고르는 것이 좋을까요? 수학은 '어떤 교재를 선택하느냐'보다는 '내가 선택한 책을 끝까지 다 해결하느냐'가 중요한 열쇠예요. 여기서 '해결'이란 단순히 문제를 많이 풀었는지가 아니라 유형을 확실히 이해하였는지를 말해요. 이 책은 처음부터 끝까지 마치 쌤이 옆에 있는 것처럼 여러분을 이끌어 줄 거예요.

2. 쌤의 손글씨로 다양한 유형을 경험해요!

쌤이 강의에서 늘 강조하는 것이 바로 '오답 노트'에요. 여기서 '오답'이란 틀린 문제뿐만 아니라 어려운 유형의 문제도 포함해요. 이 책은 중학교 3학년 학생들이 자주 틀리고 어려워하는 유형을 모아 쌤이 직접 손글씨로 문제를 뽑았어요. 이 책에 있는 핵심 유형들을 모두 쌤처럼 풀어낼 수 있다면 여러분들은 수학 전문가가 되어 있을 거예요.

3. 조금씩 조금씩 유형을 익혀 문제를 풀어요!

요즘 중학생들은 참 많이 바빠요. 숙제도 많고 하루에 많은 과목을 공부해야 하죠. 이러한 압박에서 벗어나 "하루에 2~3유형씩! 완벽하게 풀이를 써 보자!"라는 목표를 세워 실천하면, 두 달 만에 수학 실력이 크게 향상된 것을 느낄 수 있을 거예요. 이 책의 빈 곳을 여러분들의 손으로 채워 주세요.

이 책의 구성

도입

단원명

교육과정에 따른 다섯 개의 단원

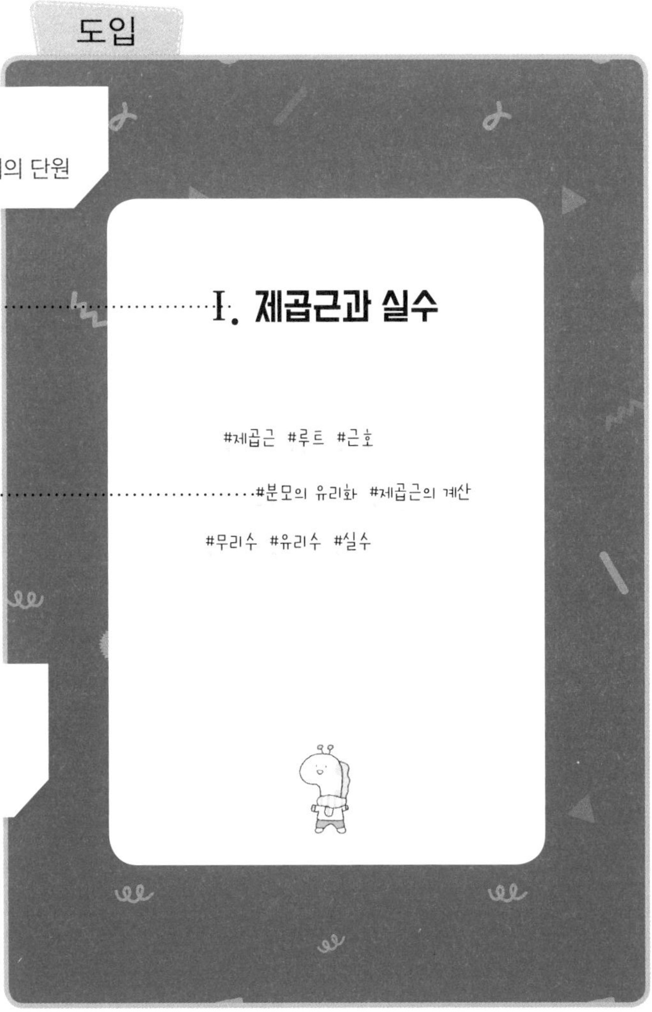

핵심 개념 미리 보기

해당 단원에서 학습하는
다양한 수학 개념들

본문

핵심 유형 알아보기

030 공통 부분은 ♡로 바꿔서 전개해요

다음 주어진 식을 전개하여라.

(2a+b−1)(2a−b−1)

쌤의 유형별 손글씨 문제와 풀이

문제와 문제 분석

풀이와 보조 설명

풀·미·쓰·기

(1) $(2a+b-1)(2a-b-1)$
교환 교환

$=(2a-1+b)(2a-1-b)$

공통부분!

2a−1 대신 ♡를 씁시다.

(왜?) 복잡하니깐...

$=(♡+b)(♡-b)$ ← 간단!

$=♡^2-b^2$

↓ 다시 ♡를 열어봅시다.

♡ = 2a−1 이었죠?

$=(2a-1)^2-b^2$

↳ 이제 얘를 해결

$=4a^2-4a+1-b^2$

전개 완료!

답 $4a^2-4a+1-b^2$

유형별 팁

Tip

- 두 일차항을 곱할 때, 공통된 부분이 있으면 하나의 문자로 바꿔서 더 쉽게 계산할 수 있어요.

지연쌤의 SNS

☑ 꼭 공통된 부분을 바꿔서 전개해야 하나요?

반드시 공통된 부분을 문자로 바꿔서 전개할 필요는 없어요. 그냥 하나씩 분배해서 계산해도 괜찮아요. 단지 공통된 부분을 문자로 바꿔서 계산하면, 복잡한 계산을 조금이라도 단순하게 바꿀 수 있어서 실수를 줄일 수 있어요.

물론 공통된 부분이 없으면 하나씩 분배해서 계산해야 하니 열심히 분배하는 방법과 문자로 바꾸는 방법 모두 알고 있으면 좋겠죠?

80 • 중학수학 유형 레시피 중③

지연쌤의 SNS

학생들이 자주하는 질문과 쌤의 친절한 설명

문제

난이도 ★★☆☆☆ ········ 단원명과 유형 난이도

I 제곱근과 실수

1

25의 음의 제곱근을 A, 36의 양의 제곱근을 B, 제곱근 9를 C라 할 때, A+B+C의 값을 구하여라.

풀이 쓰기

유형별 문제와 풀이

유형 문제를 제시하고 직접 풀이 쓰기

2

3^2의 음의 제곱근을 A, $(-4)^2$의 양의 제곱근을 B, 제곱근 $\sqrt{16}$를 C라 할 때, A+B+C의 값을 구하여라.

풀이 쓰기

Hint 먼저 3^2, $(-4)^2$, $\sqrt{16}$을 각각 계산하여 간단하게 만들어요.

수학 읽기 / 알아두면 좋아요

수학에 관한 이야기와

유형별 알아두면 좋은 수학 상식들

수학 읽기

제곱근 이야기

$x^2=1$ ➡ 제곱해서 1이 되는 수? 아하! +1, −1

$x^2=2$ ➡ 제곱해서 2가 되는 수? 그런 건 없는 것 같아….

$x^2=3$ ➡ 제곱해서 3이 되는 수? 이것도 역시 없어….

$x^2=4$ ➡ 제곱해서 4가 되는 수? 이건 있지! +2, −2

자 여기서 수학자들은 고민했습니다. $x^2=2$와 $x^2=3$도 풀고 싶었기 때문이죠.

하지만 지금까지의 유리수 범위 내에서는 제곱해서 2와 3이 되는 숫자는 없었어요. 그래서 수학자들은 $\sqrt{\ }$(루트)라는 기호를 만들었어요. 그럼 제곱해서 2와 3이 되는 수는 $\pm\sqrt{2}$와 $\pm\sqrt{3}$이 되는 것이죠.

그럼 이제 $x^2=\frac{5}{3}$도 답을 구할 수 있겠죠? $\pm\sqrt{\ }$를 씌우면 $\pm\sqrt{\frac{5}{3}}$가 되죠!

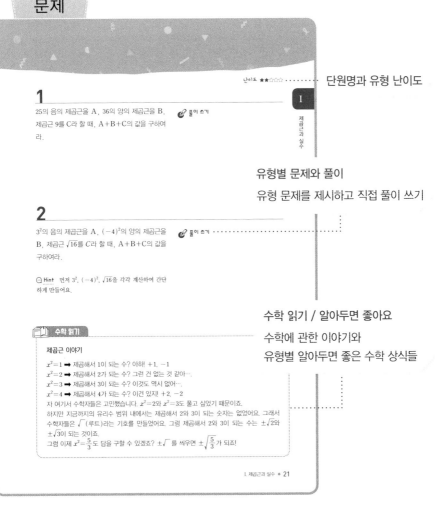

읽을거리

쌤의 수학 읽을거리

제곱근 이야기

$x^2=1$ ➡ 제곱해서 1이 되는 수? 아하! $+1$과 -1이 있어!
$x^2=2$ ➡ 제곱해서 2가 되는 수? 그런 게 있나? 없는 것 같은데...
$x^2=3$ ➡ 이것도 역시 없어...
$x^2=4$ ➡ 이건 있지! $+2$나 -2를 제곱하면 4가 되잖아!
$x^2=5$ ➡ 제곱해서 5가 되는 수? 이것도 없는데....

자 여기서 수학자들은 고민했습니다.

'왜 우리는 $x^2=1$, $x^2=4$는 해결할 수 있으면서 $x^2=2$, $x^2=3$, $x^2=5$는 해결할 수 없을까? 수학은 완벽해야 하는데 지금까지의 유리수 범위 내에서는 제곱해서 2, 3이 되는 수가 없어!'

그래서 수학자들은 완벽한 수학을 위해 $\sqrt{\ }$(루트)라는 개념을 만들었어요.
제곱해서 2가 되는 수? $+\sqrt{2}$와 $-\sqrt{2}$라고 하자!
제곱해서 3이 되는 수? $+\sqrt{3}$과 $-\sqrt{3}$이라고 하자!

그런데 어떤 수학자가 이런 질문을 던졌어요.

수학자 A : "그럼 제곱해서 음수가 되는 숫자가 있을까?"
수학자 B : "무슨 소리야! 제곱해서 어떻게 음수가 될 수 있어? 그건 불가능해!"
수학자 A : "음수라고 못 구하는 것은 용납할 수 없어! 수학은 완벽해야 해!"

그래서 수의 개념 하나가 또 등장합니다. 바로 상상 속의 수, 가짜 수, 헛된 수, 존재하지 않는 수인 i예요. i는 'Image Number'의 첫 글자를 뜻해요.

$$i^2=-1 \text{ 또는 } i=\sqrt{-1}$$

쌤의 수학 읽을거리

각 단원과 관련 있는
질문과 답변, 이야기, 활동 소개

차례

I. 제곱근과 실수

Ⅱ. 다항식의 곱셈과 인수분해

Ⅲ. 이차방정식

Ⅳ. 이차함수

Ⅴ. 삼각비

VI. 원의 성질

VII. 통계

Ⅰ. 제곱근과 실수

#제곱근 #루트 #근호

#분모의 유리화 #제곱근의 계산

#무리수 #유리수 #실수

001 제곱근을 구해 보자

5^2의 음의 제곱근을 A,

$\sqrt{16}$의 양의 제곱근을 B,

제곱근 $\sqrt{81}$을 C라 할 때,

A+B+C의 값을 구하여라.

~의 제곱근이랑 달라!

"양의 제곱근"만 생각!

Tip

- 제곱근의 개수
  ① 양수의 제곱근 ➡ $\pm\sqrt{\ }$ (2개)
  ② 0의 제곱근 ➡ 0 (1개)
  ③ 음수의 제곱근 ➡ 없음 (0개)
- a의 제곱근과 제곱근 a(단, $a>0$)
  ① a의 제곱근 ➡ 제곱하여 a가 되는 수
  ➡ $\pm\sqrt{a}$
  ② 제곱근 a ➡ a의 양의 제곱근 ➡ $\sqrt{a}$

풀·이·쓰·기

① $5^2=25$ 이므로

A = 25의 음의제곱근

25의 제곱근?

뭘 제곱해야 25가 나오지?

아하! +5 or −5

양 음의제곱근!

$\therefore A=-5$

② $\sqrt{16}=\sqrt{4^2}=4$ 이므로

4×4

B = 4의 양의제곱근

뭘 제곱해야 4가 되지?

아하! +2 or −2

양의제곱근 음의제곱근

$\therefore B=+2$

③ $\sqrt{81}=\sqrt{9^2}=9$ 이므로

C = 제곱근 9 = $\sqrt{9}$

$\sqrt{3^2}=3$

$\therefore C=3$

따라서, $A+B+C=-5+2+3=\boxed{0}$

답 0

난이도 ★★☆☆☆

1

25의 음의 제곱근을 A, 36의 양의 제곱근을 B, 제곱근 9를 C라 할 때, A+B+C의 값을 구하여라.

풀이 쓰기

2

3^2의 음의 제곱근을 A, $(-4)^2$의 양의 제곱근을 B, 제곱근 $\sqrt{16}$를 C라 할 때, A+B+C의 값을 구하여라.

풀이 쓰기

Hint 먼저 3^2, $(-4)^2$, $\sqrt{16}$을 각각 계산하여 간단하게 만들어요.

002 제곱근의 이해

다음 중 옳은 것은?

① 16의 제곱근은 2개이다.

② 4는 $\sqrt{16}$의 양의제곱근이다.
↳ $\sqrt{4^2}=4$

③ -5는 -25의 제곱근이다.

④ 제곱근 3 과 3의 제곱근은 같다.

⑤ 제곱근 7 은 $\pm\sqrt{7}$ 이다.

풀·이·쓰·기

① 16의 제곱근

→ $\pm\sqrt{16}=\pm\sqrt{4^2}=\pm4$

$+4$ or -4

→ 2개 OK!

② $\sqrt{16}=\sqrt{4^2}=4$ 이므로

4는 4의 양의제곱근 ...?? No!
↓
2

③ -25의 제곱근 ..??

↳ 무엇을 제곱하면 -25가??

없어요!

★음수의 제곱근은 없어요~

④ 제곱근 $3=\sqrt{3}$

3의 제곱근 $=\pm\sqrt{3}$ 다름!

⑤ 제곱근 $7=\sqrt{7}$

↑

$\pm\sqrt{7}$은 7의 제곱근

답 ①

! Tip

• 제곱근의 표현 방법

① a의 양의 제곱근: $\sqrt{a}$

② a의 음의 제곱근: $-\sqrt{a}$

③ a의 제곱근: $\pm\sqrt{a}$

④ 제곱근 a: $\sqrt{a}$

난이도 ★★☆☆☆

1

다음 중 그 값이 나머지 넷과 다른 것은?

풀이 쓰기

① $\sqrt{81}$의 제곱근

② 제곱근 9

③ 9의 제곱근

④ 제곱해서 9가 되는 수

⑤ $x^2=9$를 만족시키는 x의 값

2

다음 중 옳은 것은?

풀이 쓰기

① 8의 제곱근은 1개이다.

② -4는 $\sqrt{16}$의 음의 제곱근이다.

③ 제곱근 7과 7의 양의 제곱근은 같다.

④ -9의 음의 제곱근은 -3이다.

⑤ 제곱근 3은 $\pm\sqrt{3}$이다.

알아두면 좋아요

'a의 제곱근'과 '제곱근 a'는 같은 말일까요? 사실 같아 보이지만 다른 말이에요.
예를 들어 3의 제곱근은 제곱해서 3이 되는 수를 말해요. 답은 $\pm\sqrt{3}$이 되겠죠?
그렇다면 제곱근 3은 무엇을 의미할까요? 말 그대로 루트 3을 의미해요. $\sqrt{3}$이 되죠.
a의 제곱근이라고 하면 꼭 '$\pm$'를 붙여주어야 하고, 그냥 제곱근 a는 루트($\sqrt{\ }$)만 씌워주는 것이에요.
즉, **제곱근 a**는 **a의 양의 제곱근**과 같은 의미랍니다.

003 근호를 사용하지 않고 나타낼 수 있는 것?

다음 중 근호를 사용하지 않고 나타낼 수 있는 것을 모두 고르면?

① $\sqrt{12}$

② $\sqrt{0.01}$

③ $\sqrt{\frac{25}{36}}$

④ $\sqrt{0.009}$

⑤ $\sqrt{\frac{1}{8}}$

(e) $\sqrt{(\;)}$ 요기가 거듭제곱 이어야!

풀·이·쓰·기

① $12 = 4\times3 = 2^2\times3$

$\sqrt{12} = \sqrt{2^2\times3}$ 제곱이 아니네?

② $\sqrt{0.01} = \sqrt{\frac{1}{100}} = \sqrt{\frac{1^2}{10^2}} = \frac{1}{10}$ 뿅!

③ $\sqrt{\frac{25}{36}} = \sqrt{\frac{5^2}{6^2}} = \frac{5}{6}$

④ $\sqrt{0.009} = \sqrt{\frac{9}{1000}}$ → 3^2 이지만 / 제곱이 될수 X

⑤ $\sqrt{\frac{1}{8}} = \sqrt{\frac{1^2}{8}}$ 제곱이 될수 X

답 ②, ③

지연쌤의 SNS

제곱근을 이용하면 도형에서 몰랐던 길이를 표현할 수 있어요!

오른쪽 삼각형에서 각 변의 길이의 관계는 피타고라스의 정리에 따라 $x^2=2^2+3^2$이 되고, x^2은 $4+9=13$이 되요. 즉 x의 길이는 제곱해서 13이 되는 숫자가 되는 것이죠.

중학교 2학년이었다면 x의 값을 구할 수 없었겠지만 이제 제곱근을 배웠으니 x의 길이를 구할 수 있어요. x는 $+\sqrt{13}$, $-\sqrt{13}$이 될 수 있지만 길이는 음수가 될 수 없으니 결국 x의 길이는 $+\sqrt{13}$이라는 것을 알 수 있어요.

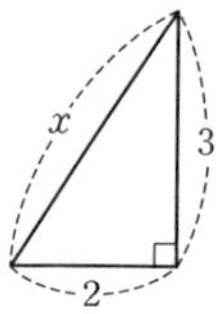

난이도 ★★☆☆☆

1

다음 중 근호를 사용하지 않고 나타낼 수 있는 것을 모두 고르면?

풀이 쓰기

① $\sqrt{4}$ ② $\sqrt{5}$ ③ $\sqrt{8}$ ④ $\sqrt{9}$ ⑤ $\sqrt{10}$

2

다음 중 근호를 사용하지 않고 나타낼 수 있는 것을 모두 고르면?

풀이 쓰기

① $\sqrt{18}$ ② $\sqrt{0.04}$ ③ $\sqrt{\frac{9}{16}}$

④ $\sqrt{0.001}$ ⑤ $\sqrt{\frac{1}{27}}$

Hint 소수는 분수로 고친 후 분모와 분자가 모두 제곱이 되는지 판단해요.

알아두면 좋아요

① 직각삼각형의 빗면의 길이

$c^2=a^2+b^2$

$c=\sqrt{a^2+b^2}$

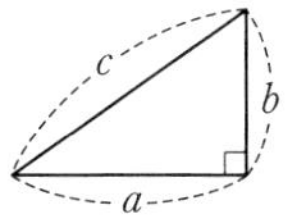

② 넓이가 S인 정사각형의 한 변의 길이

$x^2=S$

$x=\sqrt{S}$

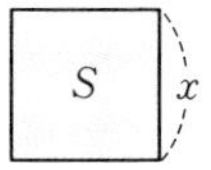

004 $\sqrt{a^2}$ 형태를 간단히 하자

예 1

$-2<a<3$ 일 때,

$\sqrt{(a-3)^2}+\sqrt{(a+2)^2}$ 을

간단히 하여라.

부호체크 부호체크

풀·이·쓰·기

$-2<a<3$ 이므로

이 조건을 만족하는 a값을

예로 하나 정하는것이 Good!

★ $a=1$ 이라고 하자.

① $(a-3)=(1-3)=-2$

음수!

→ $\sqrt{(a-3)^2}=-(a-3)$

음수이므로 ⊖달고 괄호탈출

② $(a+2)=(1+2)=3$

양수!

→ $\sqrt{(a+2)^2}=(a+2)$

양수이므로 그냥탈출.

주어진 식

$\sqrt{(a-3)^2}+\sqrt{(a+2)^2}$

↓① ↓②

$-(a-3)+(a+2)$ 이므로

$=-a+3+a+2$

$=5$

답 5

Tip

- 문제의 조건을 만족하는 a의 값을 하나 정해서 대입해요.

난이도 ★★★★☆

1

$-4<a<5$일 때,
$\sqrt{(a-5)^2}+\sqrt{(a+4)^2}$을 간단히 하여라.

풀이 쓰기

2

$a>0$, $b<0$일 때,
$\sqrt{(-a)^2}-\sqrt{(3a)^2}-\sqrt{b^2}$을 간단히 하여라.

풀이 쓰기

Hint $a>0$을 만족하는 a의 값을 하나 정하고(예를 들면 3), $b<0$을 만족하는 b의 값을 하나 정해서(예를 들면 -3) 대입하면 제곱 밑에 있는 수의 부호를 쉽게 파악할 수 있어요.

알아두면 좋아요

$\sqrt{a^2}$꼴을 포함한 식을 간단히 하는 방법은 먼저 a의 부호를 조사해야 해요.

① $a>0$이면 ➡ $\sqrt{a^2}=a$ ➡ 부호 그대로!

② $a<0$이면 ➡ $\sqrt{a^2}=-a$ ➡ 부호 반대로!

$\sqrt{(a-b)^2}$꼴을 포함한 식을 간단히 하는 방법은 먼저 $(a-b)$의 부호를 조사해야 해요.

① $a>b$이면 ➡ $a-b>0$이므로 ➡ $\sqrt{(a-b)^2}=a-b$ → 그대로 탈출

② $a<b$이면 ➡ $a-b<0$이므로 ➡ $\sqrt{(a-b)^2}=-(a-b)$ → ㊀ 달고 탈출

005 $\sqrt{☆x}$, $\sqrt{\frac{☆}{x}}$ 이 자연수가 되려면?

다음 물음에 답하여라.

(1) $\sqrt{360x}$ 가 자연수가 되도록 하는 가장 작은 자연수 x를 구하여라.

(2) $\sqrt{\frac{75}{x}}$ 이 자연수가 되는 가장 작은 자연수 x를 구하여라.

Tip

- $\sqrt{☆x}$와 $\sqrt{\frac{☆}{x}}$ 꼴을 자연수로 만드는 방법 (단, ☆은 자연수)

① ☆을 소인수분해한다.

② 소인수의 지수가 모두 짝수가 되도록 x의 값을 정한다.

풀·이·쓰·기

(1) $360 = 2^3 \times 3^2 \times 5$ 이므로

$2^2 \times 2$로 쓸 수 있지

$= \boxed{2^2} \times 2 \times \boxed{3^2} \times 5$

제곱 아님

$\Rightarrow \sqrt{360x}$

$= \sqrt{2^2 \times 3^2 \times 2 \times 5 \times x}$

√에서 나갈 수 있음 / 짝꿍 필요 / 2×5가 필요!

∴ 가장 작은 자연수 $x = 2 \times 5 = \boxed{10}$

(2) $75 = 3 \times 5^2$ 이므로

$\sqrt{\frac{75}{x}} = \sqrt{\frac{3 \times 5^2}{x}}$

제곱이 아니라 √ 탈출 불가

x로 약분해서 없애버리자!

3이면 해결!

∴ 가장 작은 자연수 $x = \boxed{3}$

답 (1) **10**, (2) **3**

난이도 ★★★☆☆

1

다음 물음에 답하여라.

풀이 쓰기

(1) $\sqrt{12x}$가 자연수가 되도록 하는 가장 작은 자연수 x를 구하여라.

(2) $\sqrt{250x}$가 자연수가 되도록 하는 가장 작은 자연수 x를 구하여라.

(3) $\sqrt{\dfrac{18}{x}}$가 자연수가 되도록 하는 가장 작은 자연수 x를 구하여라.

(4) $\sqrt{\dfrac{98}{x}}$가 자연수가 되도록 하는 가장 작은 자연수 x를 구하여라.

006 $\sqrt{☆+x}$, $\sqrt{☆-x}$ 가 자연수가 되려면?

다음 주어진 수가 자연수가 되도록 하는 각 조건에 맞는 x의 값을 각각 구하여라

(1) $\sqrt{10+x}$ (가장 작은 자연수 x)

제곱수!

(2) $\sqrt{31-x}$ (가장 작은 자연수 x)

제곱수여야함

풀·이·쓰·기

(1) $\sqrt{10+x}$: 자연수되려면

제곱수여야 한다!

10보다 큰 제곱수!

→ $10+x = 16, 25, 36, 49, \cdots$

가장 작은경우

$10+x=16$ 이므로

$x=6$

(2) $\sqrt{31-x}$: 자연수?

제곱수 여야!

31 보다 작은 제곱수

→ $31-x = 1, 4, 9, 16, 25$

가장 큰경우

(x가 가장 작은경우)

$31-x=25$ 이므로

$x=6$

답 (1) **6**, (2) **6**

Tip

- 핵심은 루트 안에 있는 값이 제곱수여야 한다는 것이에요. 그래서 제곱수를 많이 외워두면 좋아요.

$1^2=1$	$11^2=121$
$2^2=4$	$12^2=144$
$3^2=9$	$13^2=169$
$4^2=16$	$14^2=196$
$5^2=25$	$15^2=225$
$6^2=36$	$16^2=256$
$7^2=49$	$17^2=289$
$8^2=64$	$18^2=324$
$9^2=81$	$19^2=361$
$10^2=100$	$20^2=400$

난이도 ★★★☆☆

1

다음 주어진 수가 자연수가 되도록 하는 각 조건에 맞는 x의 값을 각각 구하여라.

풀이 쓰기

(1) $\sqrt{20+x}$, (가장 작은 자연수 x)

(2) $\sqrt{45-x}$, (가장 작은 자연수 x)

(3) $\sqrt{5+x}$, (두 번째로 작은 자연수 x)

(4) $\sqrt{80-x}$, (두 번째로 작은 자연수 x)

Hint 만약 (1)과 (2)를 풀이했다면 같은 방법으로 문제를 풀이한 뒤, 두 번째로 작은 값 또는 큰 값을 찾아요.

007 제곱근이 포함된 부등식 해결하기

$\sqrt{21} < A < \sqrt{72}$ 를 만족하는 자연수 A의 값 중에서, 가장 큰 값과 가장 작은 값의 합을 구하여라.

일단 이대로는 어려우니 제곱을해서 $\sqrt{\ }$ 를 벗겨보자!

풀·이·쓰·기

$\sqrt{21} < A < \sqrt{72}$

↓제곱!

$21 < A^2 < 72$

제곱수이면서 21과 72 사이

$A^2 = 25, 36, 49, 64$

25: 최소, 64: 최대

① $A^2=25$ 이면 $A=\pm 5$

→ 자연수 A이므로 $A=5$

② $A^2=64$ 이면 $A=\pm 8$

→ 자연수 A이므로 $A=8$

따라서, $8+5=13$

답 13

Tip

- 핵심은 모든 항을 제곱해서 루트를 없애는 것이에요.

  $a>0$, $b>0$, $c>0$일 때, 다음과 같이 루트를 없앨 수 있어요.

① $\sqrt{a}<\sqrt{b}<\sqrt{c}$

➡ $(\sqrt{a})^2<(\sqrt{b})^2<(\sqrt{c})^2$

➡ $a<b<c$

② $\sqrt{a}<b<\sqrt{c}$

➡ $(\sqrt{a})^2<b^2<(\sqrt{c})^2$

➡ $a<b^2<c$

난이도 ★★★☆☆

1

$\sqrt{15}<A<\sqrt{52}$를 만족하는 자연수 A의 값 중에서 가장 큰 값과 가장 작은 값의 합을 구하여라.

풀이 쓰기

2

$3<\sqrt{5x}<6$을 만족하는 자연수 x의 개수를 구하여라.

풀이 쓰기

Hint 일단 모든 항에 제곱을 하고 각각을 5로 나누면 x의 범위가 나오겠죠?

008 유리수 vs 무리수

다음 <보기>에서 무리수인 것을 모두 고르시오.

(√ 를 벗길 수 없어야 해)

— <보기> —

㉠ $-\sqrt{25}$ ㉡ $(-\sqrt{7})^2$

㉢ $\sqrt{50}$ ㉣ $\sqrt{0.\dot{4}}$

㉤ $\sqrt{0}$ ㉥ $4-\sqrt{2}$

ⓘ Tip

- 유리수와 무리수 구별하기
  ① 유리수: $\frac{(\text{정수})}{(0\text{이 아닌 정수})}$ 꼴로 나타낼 수 있는 수 → √ 를 벗길 수 있음
  ② 무리수: 유리수가 아닌 수 → √ 를 벗길 수 없음

풀·이·쓰·기

㉠ $-\sqrt{25} = -\sqrt{5^2}$ (탈출!)

$= -5$ (유리수)

㉡ $(-\sqrt{7})^2$ (⊖ 두개 → ⊕, √ 벗김)

$= +7$ (유리수)

㉢ $\sqrt{50} = \sqrt{2\times5^2}$ (무리수)

(2 ← 얘 때문에 못나옴)

㉣ $\sqrt{0.\dot{4}} = \sqrt{\frac{4}{9}} = \sqrt{\frac{2^2}{3^2}}$

$= \frac{2}{3}$ (유리수)

㉤ $\sqrt{0} = \sqrt{0^2} = 0$ (유리수)

0은 유리수임!!

㉥ $4-\sqrt{2}$ (무리수)

얘가 √ 탈출이 안되니까 계속 무리수

답 ㉢, ㉥

난이도 ★★☆☆☆

1

다음 보기 에서 무리수인 것을 모두 고르시오.

풀이 쓰기

보기

㉠ $-\sqrt{36}$ ㉡ $(-\sqrt{5})^2$ ㉢ $\sqrt{100}$

㉣ $\sqrt{0.\dot{3}}$ ㉤ $\sqrt{\frac{1}{25}}$ ㉥ $\sqrt{3}-1$

2

다음 중 무리수의 개수를 구하시오.

풀이 쓰기

1.222 $\sqrt{0.9}$ $\sqrt{\frac{1}{4}}$

$0.\dot{1}\dot{6}$ $2-\sqrt{2}$ $-\sqrt{(-3)^2}$

Hint 루트를 완전히 벗길 수 있어야 유리수예요.
즉 루트가 여전히 남아있다면 무리수가 되는 것이죠.

알아두면 좋아요

유리수는 간단하게 정수나 분수의 형태로 나타낼 수 있는 수를 말하고, 무리수는 유리수가 아닌 수를 말해요. 이 두 수는 어떻게 구별할 수 있을까요?

유리수: 정수, 유한소수, 순환소수, **루트를 없앨 수 있는 수**

예 5, $-\frac{3}{7}$, $1.\dot{2}$, $\sqrt{100}$ 등

무리수: 순환소수가 아닌 무한소수, **루트를 없앨 수 없는 수**

예 π, $0.12123\cdots$, $\sqrt{2}$ 등

009 실수의 분류

다음 중 옳은 것을 모두 고르면?

① 정수는 유리수가 아니다.
　(분수로 나타낼 수 있는가?)

② 순환소수가 아닌 무한소수는 모두 무리수이다.

③ 자연수는 실수가 아니다.

④ 무리수가 아닌 실수는 모두 유리수이다.

⑤ $\sqrt{a}$로 표현되는 수는 모두 무리수이다.

풀·이·쓰·기

~~①~~ 모든 정수는 $\frac{(정수)}{1}$로 분수로 나타낼 수 있다. → 유리수!

② 무한소수
- 순환소수 → 분수 가능 → 유리수
- 순환하지 않는 무한소수

순환소수 아닌 무한소수 → 무리수!

~~③~~

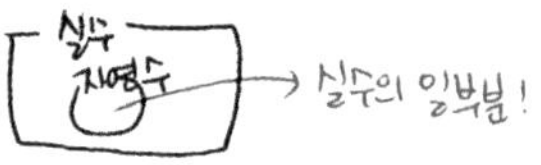

④

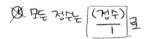

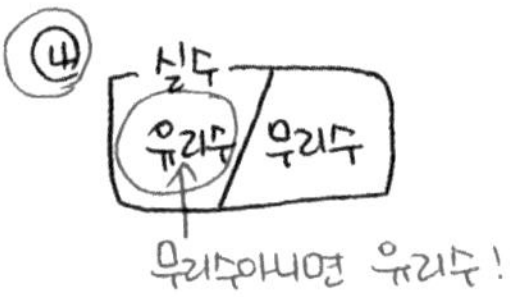

~~⑤~~ $\sqrt{4}=\sqrt{2^2}=2$ ← 유리수인데??

답 ②, ④

지연쌤의 SNS

☑ 수의 분류를 잘 이해하면 문제를 쉽게 해결할 수 있어요!

① 소수의 분류

- 소수
  - 유한소수 → 유리수
  - 무한소수
    - 순환소수 → 유리수
    - 순환하지 않는 무한소수 → 무리수

② 실수의 분류

- 실수
  - 유리수
    - 정수
      - 양의 정수(자연수)
      - 0
      - 음의 정수
    - 정수가 아닌 유리수
  - 무리수

난이도 ★★★☆☆

1

다음 중 옳지 않은 것을 모두 고르면?

풀이 쓰기

① 모든 정수는 유리수이다.
② 무한소수는 모두 무리수이다.
③ 자연수도 실수이다.
④ 유리수가 아닌 실수는 모두 무리수이다.
⑤ $\sqrt{A}$로 표현되는 수 중에는 유리수는 없다.

2

다음 중 $\sqrt{3}$에 대한 설명 중 옳지 않은 것을 고르면?

풀이 쓰기

① 정수는 아니지만 유리수이다.
② 3의 제곱근 중 하나이다.
③ 순환소수가 아닌 무한소수이다.
④ 제곱하면 자연수가 된다.
⑤ 실수이다.

수학 읽기

진짜 수와 가짜 수?

우리는 초등학교 때 자연수를 배웠고, 중학교 1학년에 정수와 유리수, 2학년에는 순환소수와 유리수를 배웠어요. 그리고 드디어 무리수를 알게 되었어요. 이로써 수직선 위에 실제로 존재하는 수인 실수(실제로 존재하는 수, Real Number)를 모두 배우게 되었죠.
그럼 고등학교에 가면 어떤 수를 배울까요? 실제로 존재하는 수를 전부 알았으니 수의 종류를 다 배운 것이 아니냐고요? 사실은 실수 말고도 실제로 존재하지 않는 수, 헛된 수, 상상 속의 수인 허수(Image Number)가 있어요. 만약 제곱해서 '-1'이 되는 수가 있다면 여러분은 상상할 수 있을까요? 한 번 상상해 보아요. 고등학교 수학을 엿볼 수 있답니다.

010 무리수를 수직선 위에 나타낼 수 있을까?

다음 그림은 넓이가 6인 정사각형

ABCD를 수직선 위에 그린 것이다.

한변길이 $\sqrt{6}$

$\overline{BC}=\overline{PC}$가 되도록 수직선 위의

점 P를 정할 때,

점 P에 대응하는 수를 구하여라.

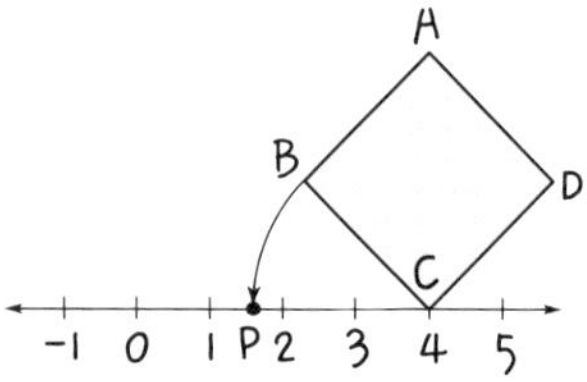

Tip

• 기준점에서 얼마나 크고 작은지 판단하기

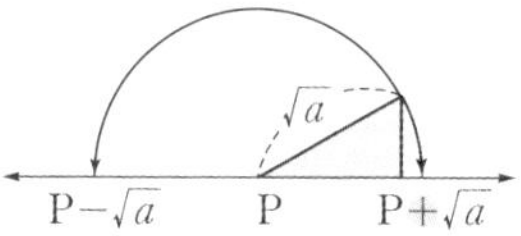

풀·이·쓰·기

★ 넓이가 6인 정사각형

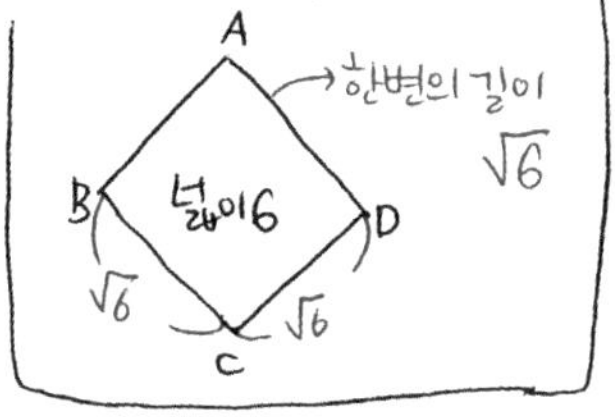

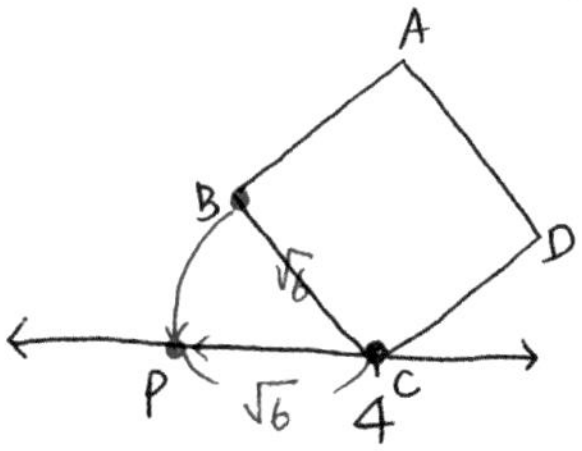

한마디로 점 P의 위치는

4보다 $\sqrt{6}$ 만큼 작은 곳!

↳ $4-\sqrt{6}$

따라서, 점 P에 대응하는 수는

$\boxed{4-\sqrt{6}}$ 이다

답 $4-\sqrt{6}$

난이도 ★★★☆☆

1

다음 그림은 넓이가 7인 정사각형 ABCD를 수직선 위에 그린 것이다. $\overline{BC}=\overline{PC}$가 되도록 수직선 위의 점 P를 정할 때, 점 P에 대응하는 수를 구하여라.

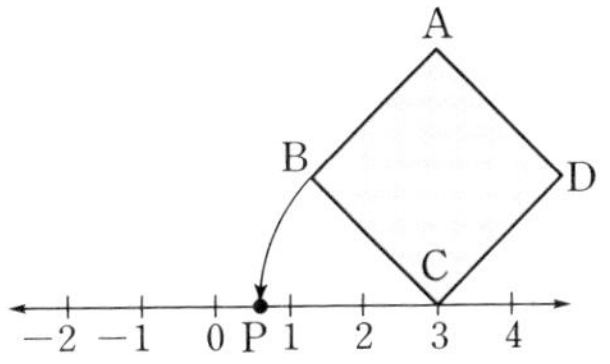

풀이 쓰기

2

다음 그림과 같이 한 눈금의 길이가 1인 모눈종이 위에 수직선과 직각삼각형 ABC를 그리고, 점 A를 중심으로 하고 $\overline{AC}$를 반지름으로 하는 원을 그렸다. 원과 수직선이 만나는 두 점을 각각 P, Q라 할 때, P, Q에 대응하는 수를 각각 구하여라.

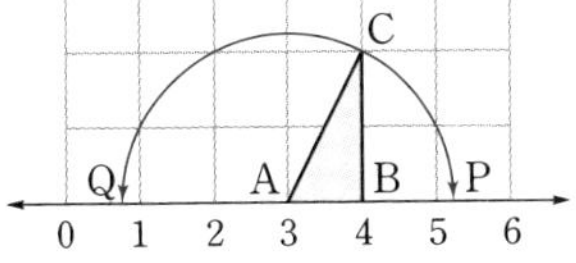

풀이 쓰기

Hint 원의 중심이 점 A에 있으므로 점 P와 점 Q가 점 A의 위치에서 얼마나 크고 작은지 판단해야 해요.

011 수직선에서 무리수에 대응하는 구간 찾기

다음 수직선에서 주어진 수가 대응하는 점이 있는 구간을 찾아라.

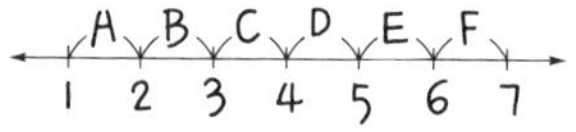

(1) $\sqrt{11}$

$\sqrt{\text{제곱수}}$ $\sqrt{\text{제곱수}}$ 찾아내기!

(2) $1+\sqrt{15}$

↳ 이거 먼저 생각

(3) $\sqrt{65}-3$

이거 먼저 생각

Tip

- 수직선 위의 무리수 $\sqrt{a}$가 어떤 정수 사이에 있는지 알기 위해서는 a와 근접한 두 제곱수를 찾는 것이에요.

$\sqrt{x^2}<\sqrt{a}<\sqrt{y^2}$ ➡ $x<\sqrt{a}<y$

무리수 $\sqrt{a}$는 정수 x와 y 사이에 있다.

풀·이·쓰·기

(1) $\sqrt{9}<\sqrt{11}<\sqrt{16}$ 이므로 ($\sqrt{9}=\sqrt{3^2}$, $\sqrt{16}=\sqrt{4^2}$)

$\Rightarrow 3<\sqrt{11}<4$

따라서, $\sqrt{11}$은 구간 C

(2) $\sqrt{9}<\sqrt{15}<\sqrt{16}$ 이므로

$\Rightarrow 3<\sqrt{15}<4$

↓ ↓+1 ↓

$4<1+\sqrt{15}<5$

따라서, $1+\sqrt{15}$는 구간 D

(3) $\sqrt{64}<\sqrt{65}<\sqrt{81}$ 이므로 ($\sqrt{64}=\sqrt{8^2}$, $\sqrt{81}=\sqrt{9^2}$)

$\Rightarrow 8<\sqrt{65}<9$

↓ ↓−3 ↓

$5<\sqrt{65}-3<6$

따라서, $\sqrt{65}-3$은 구간 E

답 (1) C, (2) D, (3) E

난이도 ★★★☆☆

1

다음 수직선에서 주어진 수가 대응하는 점이 있는 구간을 찾아라.

풀이 쓰기

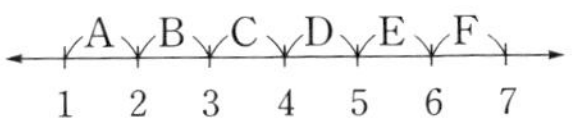

(1) $\sqrt{26}$

(2) $\sqrt{5}+2$

(3) $\sqrt{50}-6$

수학 읽기

나는 어디에 있을까요?

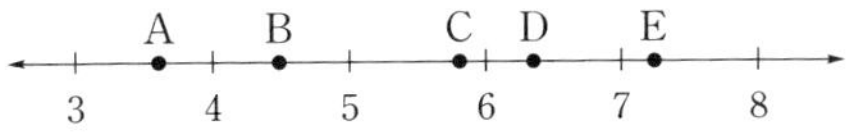

다음 수직선에서 $\sqrt{40}$은 어디에 있을까요? 제일 먼저 확인해야 하는 것은 40이 어떤 제곱수 사이에 끼어 있는지 찾는 거예요. 40과 근접한 두 제곱수는 $36<40<49$예요.
그럼 이제 루트($\sqrt{\ }$)를 씌워 볼까요? $\sqrt{36}<\sqrt{40}<\sqrt{49}$ ➡ $6<\sqrt{40}<7$이라는 것을 알 수 있어요!
따라서 $\sqrt{40}$은 6.xxxx⋯이므로 D라는 것을 알 수 있겠죠?

012 실수의 대소 관계

다음 수직선 위의 세점 A, B, C 는 각각 아래 <보기>의 수 중 하나에 대응한다. 물음에 답하여라.

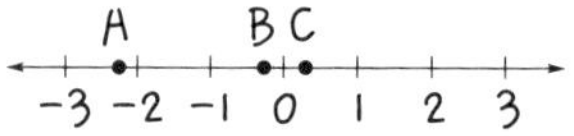

<보기>

$3-\sqrt{10}$, $-1-\sqrt{2}$, $-2+\sqrt{5}$

(1) A, B, C에 대응하는 수를 구하여라.

(2) 가장 큰 수는?

풀·이·쓰·기

(1) ① $3-\sqrt{10}$

→ $\sqrt{9}<\sqrt{10}<\sqrt{16}$ 이므로

→ $3<\sqrt{10}<4$

→ $\sqrt{10}$은 $3.\times\times\times\cdots$

⇒ $3-\sqrt{10}=3-3.\times\times\times\cdots$

$=-0.\times\times\times\cdots$ 점 B

② $-1-\sqrt{2}$

→ $\sqrt{1}<\sqrt{2}<\sqrt{4}$ 이므로

→ $1<\sqrt{2}<2$

→ $\sqrt{2}$는 $1.\times\times\times\cdots$

⇒ $-1-\sqrt{2}=-1-1.\times\times\times\cdots$

$=-2.\times\times\times\cdots$ 점 A

③ $-2+\sqrt{5}$

→ $\sqrt{4}<\sqrt{5}<\sqrt{9}$ 이므로

→ $2<\sqrt{5}<3$

→ $\sqrt{5}$는 $2.\times\times\times\cdots$

⇒ $-2+\sqrt{5}=-2+2.\times\times\times\cdots$

$=0.\times\times\times\cdots$ 점 C

(2) 따라서, 가장 큰 수는

→ $-2+\sqrt{5}$ 이다.

답 (1) A: $-1-\sqrt{2}$, B: $3-\sqrt{10}$, C: $-2+\sqrt{5}$
(2) $-2+\sqrt{5}$

난이도 ★★★★☆

1

다음 수직선 위의 세 점 A, B, C는 각각 아래 보기 의 수 중 하나에 대응한다. 물음에 답하여라.

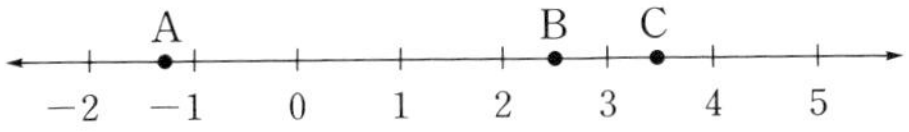

보기

$\sqrt{7}$, $2-\sqrt{11}$, $\sqrt{3}+2$

(1) 점 A, B, C에 대응하는 수를 구하여라.

(2) 가장 큰 수를 구하여라.

풀이 쓰기

013 제곱근의 곱셈과 나눗셈

다음을 계산하여라.

(1) $6\sqrt{3}\times4\sqrt{7}$ 끼리끼리

(2) $\sqrt{\frac{7}{6}}\times\sqrt{\frac{3}{14}}$

(3) $\frac{\sqrt{20}}{\sqrt{3}}\div\frac{\sqrt{10}}{\sqrt{3}}$

(4) $6\sqrt{5}\div2\sqrt{\frac{5}{7}}$

나눗셈은 역수의 곱셈으로!

ⓘ Tip

- 제곱근의 곱셈은 끼리끼리 곱해요.

근호($\sqrt{\ }$)안의 수끼리, 근호 밖의 수끼리

$a>0$, $b>0$이고, m, n이 유리수일 때,
$\sqrt{a}\sqrt{b}=\sqrt{ab}$이고,
$m\sqrt{a}\times n\sqrt{b}=mn\sqrt{ab}$예요.
끼리끼리

풀·이·쓰·기

(1) $6\sqrt{3}\times4\sqrt{7}=24\sqrt{21}$

(2) $\sqrt{\frac{7}{6}}\times\sqrt{\frac{3}{14}}=\sqrt{\frac{7}{6}\times\frac{3}{14}}$
$=\sqrt{\frac{1}{4}}=\sqrt{\frac{1^2}{2^2}}=\frac{1}{2}$

(3) $\frac{\sqrt{20}}{\sqrt{3}}\div\frac{\sqrt{10}}{\sqrt{3}}=\frac{\sqrt{20}}{\sqrt{3}}\times\frac{\sqrt{3}}{\sqrt{10}}$

역수의 곱셈으로

$=\sqrt{\frac{20}{3}\times\frac{3}{10}}=\sqrt{2}$

(4) $6\sqrt{5}\div2\sqrt{\frac{5}{7}}$ → 역수로 고치기 쉽게 $\sqrt{\ }$를 각각으로

$=6\sqrt{5}\div\frac{2\sqrt{5}}{\sqrt{7}}$ 역수의 곱셈으로

$=6\sqrt{5}\times\frac{\sqrt{7}}{2\sqrt{5}}=3\sqrt{7}$

답 (1) $24\sqrt{21}$, (2) $\frac{1}{2}$, (3) $\sqrt{2}$, (4) $3\sqrt{7}$

난이도 ★★☆☆☆

1

다음을 계산하여라.

풀이 쓰기

(1) $2\sqrt{3}\times3\sqrt{5}$

(2) $\sqrt{\frac{15}{22}}\times\sqrt{\frac{11}{5}}$

(3) $\frac{\sqrt{18}}{\sqrt{5}}\div\frac{\sqrt{9}}{\sqrt{15}}$

(4) $8\sqrt{3}\div2\frac{\sqrt{3}}{\sqrt{2}}$

알아두면 좋아요

제곱근의 **나눗셈은 역수의 곱셈으로** 바꿔서 근호($\sqrt{\ }$)안의 수끼리, 근호 밖의 수끼리 각각 곱해주면 전혀 어렵지 않아요.

① $\frac{\sqrt{b}}{\sqrt{a}}=\sqrt{\frac{b}{a}}$

역수의 곱셈

② $m\sqrt{a}\div n\sqrt{b}=m\sqrt{a}\times\frac{1}{n\sqrt{b}}=\frac{m}{n}\sqrt{\frac{a}{b}}$ (단, $n\neq0$)

③ $\frac{\sqrt{b}}{\sqrt{a}}\div\frac{\sqrt{d}}{\sqrt{c}}=\frac{\sqrt{b}}{\sqrt{a}}\times\frac{\sqrt{c}}{\sqrt{d}}=\sqrt{\frac{b}{a}\times\frac{c}{d}}=\sqrt{\frac{bc}{ad}}$

역수의 곱셈

014 근호가 있는 식의 변형

다음 주어진 식에서

유리수 a, b에 대하여

a, b의 값을 각각 구하여라.

(1) $\sqrt{45}=a\sqrt{5}$, $2\sqrt{7}=\sqrt{b}$

소인수분해 / 루트안으로

(2) $\sqrt{0.03}=\dfrac{\sqrt{3}}{a}$, $\dfrac{\sqrt{6}}{2\sqrt{3}}=\sqrt{b}$

일단 분수로 고쳐보자.

Tip

- 근호 안에 있는 수가 **소수라면 분수로 고쳐**서 문제를 풀이할 수 있어요.

풀·이·쓰·기

(1) $\sqrt{45}=\sqrt{3^2\times5}=3\sqrt{5}$ ← $a\sqrt{5}$

탈출!

45 → 9, ⑤ / 9 → ③, ③

$\therefore a=3$

$2\sqrt{7}=\sqrt{2^2\times7}=\sqrt{28}$ ← $\sqrt{b}$

√ 안으로 들어갈때는 제곱해서!

$\therefore b=28$

(2) $\sqrt{0.03}=\sqrt{\dfrac{3}{100}}=\sqrt{\dfrac{3}{10^2}}=\dfrac{\sqrt{3}}{10}$ ← $\dfrac{\sqrt{3}}{a}$

탈출!

$\therefore a=10$

$\dfrac{\sqrt{6}}{2\sqrt{3}}=\dfrac{\sqrt{6}}{\sqrt{2^2\times3}}=\dfrac{\sqrt{6}}{\sqrt{12}}=\sqrt{\dfrac{6}{12}}$

√ 안으로

$=\sqrt{\dfrac{1}{2}}=\sqrt{b}$ 이므로

$\therefore b=\dfrac{1}{2}$

답 (1) $a=3$, $b=28$, (2) $a=10$, $b=\dfrac{1}{2}$

난이도 ★★☆☆☆

1

다음 주어진 식에서 유리수 a, b에 대하여 a, b의 값을 각각 구하여라.

풀이 쓰기

(1) $\sqrt{50}=a\sqrt{2}$, $2\sqrt{3}=\sqrt{b}$

Hint 50을 소인수분해해서 근호 밖으로 꺼낼 수 있는 수를 찾아요.

(2) $\sqrt{0.02}=\dfrac{\sqrt{2}}{a}$, $\dfrac{\sqrt{7}}{3\sqrt{2}}=\sqrt{b}$

Hint 0.02를 분수의 꼴로 바꿔볼까요?

알아두면 좋아요

근호가 있는 식은 다음과 같이 변형하여 활용할 수 있어요.

① 근호 안에 있는 수를 소인수분해하여 **제곱을 찾아내면 밖으로** 꺼낼 수 있어요.

$\sqrt{a^2b}=\sqrt{a^2}\times\sqrt{b}=a\sqrt{b}$

근호 밖으로

② 근호 밖에 있는 수를 다시 근호 안에 넣을 때는 **제곱을 하면 안으로** 넣을 수 있어요.

$a\sqrt{b}=\sqrt{a^2}\times\sqrt{b}=\sqrt{a^2b}$

근호 안으로

③ 나눗셈은 분모와 분자의 근호를 분리하여 생각하면 편해요.

근호를 분리

$\sqrt{\dfrac{b}{a^2}}=\dfrac{\sqrt{b}}{\sqrt{a^2}}=\dfrac{\sqrt{b}}{a}$

근호 밖으로

015 제곱근표에 없는 제곱근의 값 구하기

다음 중 $\sqrt{1.8}=1.349$ 임을 이용하여 그 값을 구할 수 없는 것을 모두 고르면 ?

① $\sqrt{180}+1$

② $\sqrt{0.018}$

③ $\sqrt{1800}$

④ $\sqrt{18}-2$

⑤ $\sqrt{18000}$

Tip

- 근호($\sqrt{\ }$) 안에서 소숫점이 짝수 칸 움직였다면, 문제에서 주어진 값을 이용할 수 있어요.

풀·이·쓰·기

① $\sqrt{180}=\sqrt{1.8\times100}$ 이므로

$=\sqrt{1.8\times10^2}$ ↳ 탈출!

$=10\sqrt{1.8}$

$=10\times1.349$

$=13.49$

→ $\sqrt{180}+1=13.49+1=14.49$

② $\sqrt{0.018}=\sqrt{\frac{1.8}{100}}$ 이므로

$=\sqrt{\frac{1.8}{10^2}}=\frac{\sqrt{1.8}}{10}=\frac{1.349}{10}=0.1349$

③ $\sqrt{1800}=\sqrt{1.8\times1000}$

$=\sqrt{1.8\times10^3}$ 엥?? 탈출X

④ $\sqrt{18}=\sqrt{1.8\times10}$ 탈출X

→ $\sqrt{18}$을 못구하니까

당연히 $\sqrt{18}-2$도 못구함!

⑤ $\sqrt{18000}=\sqrt{1.8\times10000}$

$=\sqrt{1.8\times10^4}=\sqrt{1.8\times100^2}$

$=100\sqrt{1.8}=100\times1.349=134.9$

답 ③, ④

난이도 ★★★☆☆

1

다음 중 $\sqrt{7}=2.646$임을 이용하여 그 값을 구할 수 <u>없는</u> 것을 모두 고르면?

✎ 풀이 쓰기

① $\sqrt{7}+1$ ② $\sqrt{0.7}$ ③ $\sqrt{0.0007}$
④ $\sqrt{700}$ ⑤ $\sqrt{70}-1$

2

다음 중 주어진 제곱근표를 이용하여 그 값을 구할 수 <u>없는</u> 것은?

✎ 풀이 쓰기

수	0	1	2
16	4.000	4.012	4.025
17	4.123	4.135	4.147
18	4.243	4.254	4.266

① $\sqrt{17.2}$ ② $\sqrt{1600}$ ③ $\sqrt{1810}$
④ $\sqrt{16200}$ ⑤ $\sqrt{0.17}$

알아두면 좋아요

제곱근표는 1.00부터 99.9까지 수에 대한 양의 제곱근을 나타내요. 그럼 다음 제곱근표에서 $\sqrt{9.41}=x$이고, $\sqrt{y}=3.055$일 때, x와 y의 값은 어떻게 구해야 할까요?
제곱근표의 세로줄은 처음 두 자리 수를 말하고, 가로줄은 끝자리 수를 말해요.
따라서 9.41의 제곱근인 x는 9.4와 1이 만나는 3.068이 되는 것이죠.
그리고 y는 y의 제곱근이 3.055이므로 제곱근표에서 3.055를 찾아 차례로 읽으면 9.33이 된답니다. 즉, $\sqrt{9.33}=3.055$라는 의미에요.

수	0	1	2	3
9.2	3.033	3.035	3.036	3.038
9.3	3.050	3.051	3.053	3.055
9.4	3.066	3.068	3.069	3.071

수	0	1	2	3
9.2	3.033	3.035	3.036	3.038
9.3	3.050	3.051	3.053	3.055
9.4	3.066	3.068	3.069	3.071

016 분모의 유리화

$\frac{\sqrt{5}}{\sqrt{6}}$의 분모를 유리화하면 $\frac{\sqrt{a}}{6}$이고, ①

$\frac{2\sqrt{b}}{\sqrt{12}}$의 분모를 유리화하면 $\frac{\sqrt{33}}{3}$일 때, ②

a, b의 값을 각각 구하여라.

풀·이·쓰·기

① $\frac{\sqrt{5}}{\sqrt{6}} = \frac{\sqrt{5}\times\sqrt{6}}{\sqrt{6}\times\sqrt{6}} = \frac{\sqrt{30}}{6}$

→ $\frac{\sqrt{30}}{6} = \frac{\sqrt{a}}{6}$ 이므로

→ $a=30$

② $\frac{2\sqrt{b}}{\sqrt{12}} = \frac{2\sqrt{b}}{\sqrt{2^2\times3}} = \frac{2\sqrt{b}}{2\sqrt{3}}$

소인수분해

→ 유리화 $\frac{\sqrt{b}\times\sqrt{3}}{\sqrt{3}\times\sqrt{3}} = \frac{\sqrt{3b}}{3}$

→ $\frac{\sqrt{3b}}{3} = \frac{\sqrt{33}}{3}$ 이므로

→ $3b=33$

→ $b=11$

답 $a=30$, $b=11$

Tip

- 분모의 유리화란?

$\frac{\sqrt{5}}{\sqrt{3}} = \frac{\sqrt{5}\times\sqrt{3}}{\sqrt{3}\times\sqrt{3}} = \frac{\sqrt{15}}{3}$

$\frac{\sqrt{5}}{\sqrt{3}}$ ➡ $\frac{\sqrt{15}}{3}$ 분모가 $\sqrt{3}$에서 3으로 무리수에서 유리수로 바뀌었죠?

이렇게 분모에 있는 **무리수를 유리수로** 바꾸는 것을 **분모의 유리화**라고 해요.

난이도 ★★☆☆☆

1

다음 주어진 수의 분모를 유리화하여 나타내어라.

풀이 쓰기

(1) $\frac{\sqrt{7}}{\sqrt{3}}$

(2) $\frac{3\sqrt{2}}{\sqrt{5}}$

2

$\frac{2\sqrt{2}}{\sqrt{5}}=a\sqrt{10}$, $\frac{5}{\sqrt{12}}=b\sqrt{3}$일 때, ab의 값을 구하시오. (단, a, b는 유리수이다.)

풀이 쓰기

Hint $\sqrt{12}$를 $2\sqrt{3}$으로 바꾸면 문제를 더 쉽게 풀이할 수 있어요.

알아두면 좋아요

분모의 유리화는 왜 하는 걸까요?

예를 들어 $\frac{\sqrt{5}}{\sqrt{3}}$에서 분모가 $\sqrt{3}$이죠? 이 수는 유리수가 아닌 무리수예요. 이렇게 분모가 무리수이면 계산을 하는 데 있어서 통분할 때나 크기를 비교할 때 등 불편한 점들이 많이 발생해요. 그래서 분모에는 근호($\sqrt{\ }$)를 사용하지 않도록 분모를 유리화하는 과정을 거쳐요.

017 도형에서 제곱근을 활용해요

다음 그림과 같이 한 모서리의 길이가 $2\sqrt{3}$인 정육면체에서 a, b의 값을 각각 구하여라.

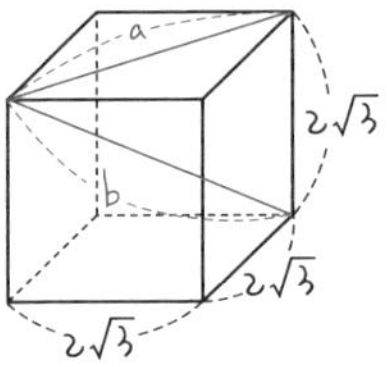

Tip

- 도형을 응용하는 문제는 거의 모든 경우에 **피타고라스의 정리**를 활용할 수 있어요.

  ① 가로의 길이가 a, 세로의 길이가 b인 직사각형의 대각선의 길이를 l이라 하면 $l=\sqrt{a^2+b^2}$이다.

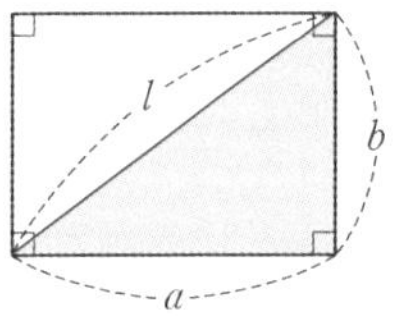

  ② 세 모서리의 길이가 각각 a, b, c,인 직육면체의 대각선의 길이를 l이라 하면 $l=\sqrt{a^2+b^2+c^2}$이다.

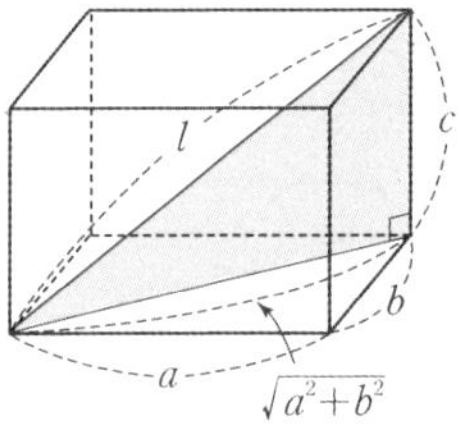

풀·이·쓰·기

① a 구하기

↳ a를 구하기 위해서는 정사각형 만으로 충분

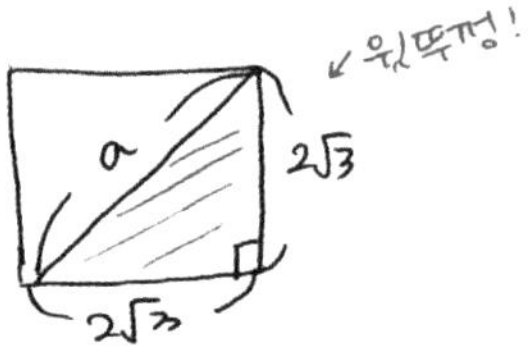

$a^2=(2\sqrt{3})^2+(2\sqrt{3})^2$

$=12+12=24$

→ $a^2=24$이므로 $a=\sqrt{24}$

→ $\sqrt{24}=\sqrt{2^2\times6}$ 이므로 $a=2\sqrt{6}$

② b 구하기

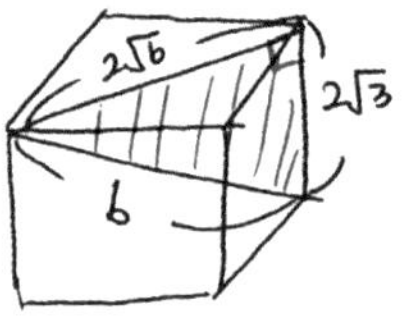

$b^2=(2\sqrt{6})^2+(2\sqrt{3})^2$

$=24+12=36$

$b^2=36$이므로 $b=6$

답 $a=2\sqrt{6}$, $b=6$

1

다음 그림과 같이 한 모서리의 길이가 $3\sqrt{2}$인 정육면체에서 a, b의 값을 각각 구하여라.

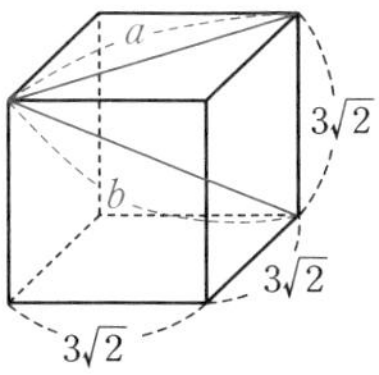

Hint a의 길이를 먼저 구해요.

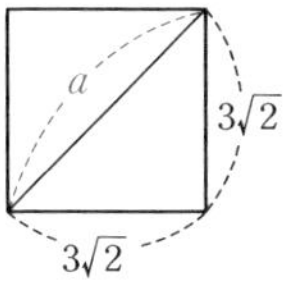

풀이 쓰기

2

다음 그림과 같은 직사각형 ABCD에서 대각선 AC의 길이가 $3\sqrt{10}$ cm이고 $\overline{AB}=2\sqrt{5}$ cm일 때, 직사각형 ABCD의 넓이를 구하시오.

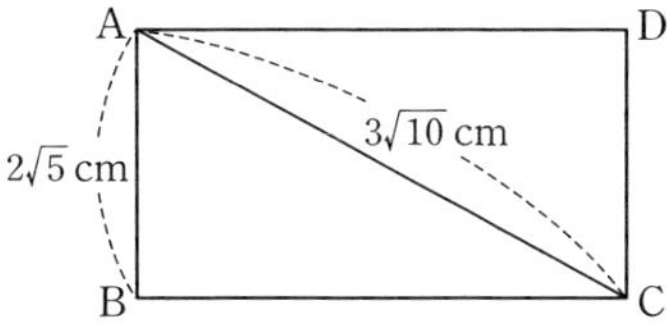

Hint 피타고라스의 정리를 이용해서 가로의 길이를 먼저 구해요.

풀이 쓰기

018 제곱근의 덧셈과 뺄셈 1 (동류항을 계산하는 것처럼 계산해요)

다음을 계산하여라.

(1) $\sqrt{108}-\sqrt{27}+2\sqrt{12}$

(2) $3\sqrt{5}-2\sqrt{2}+\sqrt{50}-\sqrt{125}$

Tip

- 제곱근의 덧셈과 뺄셈은 '다항식의 덧셈과 뺄셈'처럼 같은 제곱근을 가진 동류항끼리 계산해요.
  예 $2\sqrt{2}-\sqrt{5}+3\sqrt{2}+4\sqrt{5}$는 제곱근을 문자 취급하고, 제곱근 앞의 정수를 계수 취급하여 각각 따로 계산해야 해요. 따라서 $(2\sqrt{2}+3\sqrt{2})+(-\sqrt{5}+4\sqrt{5})=5\sqrt{2}+3\sqrt{5}$가 되죠.

풀·이·쓰·기

(1) $\sqrt{108}=\sqrt{2^2\times3^2\times3}=6\sqrt{3}$

2) 54
2) 27
3) 9
3 3

$\sqrt{27}=\sqrt{3^2\times3}=3\sqrt{3}$

$2\sqrt{12}=2\sqrt{2^2\times3}=4\sqrt{3}$

따라서, $6\sqrt{3}-3\sqrt{3}+4\sqrt{3}$

$=(6-3+4)\sqrt{3}=\boxed{7\sqrt{3}}$

(2) $\sqrt{50}=\sqrt{2\times5^2}=5\sqrt{2}$

$\sqrt{125}=\sqrt{5\times5^2}=5\sqrt{5}$

→ 주어진 식은

$\sqrt{50}$ $\sqrt{125}$

$3\sqrt{5}-2\sqrt{2}+5\sqrt{2}-5\sqrt{5}$

$=(3-5)\sqrt{5}+(-2+5)\sqrt{2}$

$=\boxed{-2\sqrt{5}+3\sqrt{2}}$

답 (1) $7\sqrt{3}$, (2) $-2\sqrt{5}+3\sqrt{2}$

난이도 ★★☆☆☆

1

$\sqrt{72}-\sqrt{18}+\sqrt{2}$를 계산하여라.

풀이 쓰기

2

$\sqrt{8}+2\sqrt{54}-2\sqrt{6}+\sqrt{50}$을 계산하면 $a\sqrt{2}+b\sqrt{6}$이다. 유리수 a, b에 대하여, $a+b$의 값을 구하여라.

풀이 쓰기

Hint 근호 밖으로 꺼낼 수 있는 수는 모두 바꾼 뒤에 계산해요.

알아두면 좋아요

제곱근의 덧셈과 뺄셈은 동류항을 계산하는 것을 생각하면 쉬워요.

① 제곱근을 문자 취급해서 동류항끼리 계산하는 것처럼 계산해요. 이때 제곱근 부분이 같은 항끼리만 덧셈과 뺄셈을 할 수 있죠.

예 $\sqrt{5}+\sqrt{3}=\sqrt{8}$이라고요? 아니에요!
$\sqrt{5}$와 $\sqrt{3}$은 동류항이 아니므로 그냥 $\sqrt{5}+\sqrt{3}$ 그대로 두는 것이 맞아요.

② 근호 안의 수가 크다면 소인수분해해서 $a\sqrt{b}$의 꼴로 바꿀 수 있는지 확인해야 해요.

예 $\sqrt{2}+\sqrt{8}$은 더 이상 계산할 수 없다? 아니에요!
$\sqrt{8}$을 $2\sqrt{2}$로 바꿀 수 있으므로 $\sqrt{2}+2\sqrt{2}=3\sqrt{2}$이라는 결과를 얻을 수 있어요.

019 제곱근의 덧셈과 뺄셈 2 (분배법칙을 이용해요)

다음을 계산하면 $a+b\sqrt{3}$이 된다. 유리수 a, b의 값을 구하여라.

$$\underbrace{\sqrt{3}(\sqrt{27}+2)}_{①}+\underbrace{(2\sqrt{6}-2\sqrt{2})\sqrt{2}}_{②}$$

Tip

- 제곱근의 계산에서 괄호가 나온다면, 먼저 분배법칙을 이용해서 괄호부터 계산해야 해요. → $a(b+c)=ab+ac$

예 $\sqrt{2}(3+\sqrt{2})+2(2\sqrt{2}-4)$
$=3\sqrt{2}+2+4\sqrt{2}-8$
$=7\sqrt{2}-6$

풀·이·쓰·기

① $\sqrt{3}(\sqrt{27}+2)$ ← 분배법칙

$=\sqrt{81}+2\sqrt{3}=\boxed{9+2\sqrt{3}}$ ($\sqrt{81}=\sqrt{9^2}$)

② $(2\sqrt{6}-2\sqrt{2})\sqrt{2}$ ← 분배법칙

$=2\sqrt{12}-2\sqrt{4}$

$=2\sqrt{2^2\times3}-2\sqrt{2^2}$

$=\boxed{4\sqrt{3}-4}$

①+②

$=9+2\sqrt{3}+4\sqrt{3}-4$

$=5+6\sqrt{3}$

→ $a+b\sqrt{3}=5+6\sqrt{3}$이므로

→ $a=5$, $b=6$

답 $a=5$, $b=6$

난이도 ★★★☆☆

1

다음을 계산하면 $a\sqrt{10}+b\sqrt{5}$가 된다. 유리수 a, b의 값을 구하여라.

풀이 쓰기

$$\sqrt{5}(\sqrt{50}+3)+(2\sqrt{10}-\sqrt{5})\sqrt{2}$$

2

$a=\sqrt{3}-\sqrt{2}$이고 $b=\sqrt{6}+2$일 때, $a\sqrt{2}-b$의 값을 구하여라.

풀이 쓰기

Hint 대입법을 이용하여 $a\sqrt{2}-b$에 a와 b의 값을 괄호에 넣어 계산해요.

알아두면 좋아요

분배법칙을 이용한 제곱근의 덧셈과 뺄셈을 알아 볼까요?

① $\sqrt{a}(\sqrt{b}+\sqrt{c})=(\sqrt{b}+\sqrt{c})\sqrt{a}=\sqrt{ab}+\sqrt{ac}$ (단, $a>0$, $b>0$, $c>0$일 때)

② $a(\sqrt{b}+\sqrt{c})=(\sqrt{b}+\sqrt{c})a=a\sqrt{b}+a\sqrt{c}$ (단, $b>0$, $c>0$일 때)

020 제곱근의 덧셈과 뺄셈 3 (분모의 유리화를 이용해요)

$A=\dfrac{2-\sqrt{2}}{\sqrt{3}}$, $B=\sqrt{6}+\dfrac{1}{\sqrt{3}}$

일때, $3A-B$의 값을

구하여라.

↑
일단! A, B 둘다
유리화를 먼저!

풀·이·쓰·기

① A의 분모유리화

$A=\dfrac{(2-\sqrt{2})\times\sqrt{3}}{\sqrt{3}\times\sqrt{3}}$

$=\boxed{\dfrac{2\sqrt{3}-\sqrt{6}}{3}}$

② B의 분모 유리화

$B=\sqrt{6}+\dfrac{1\times\sqrt{3}}{\sqrt{3}\times\sqrt{3}}=\boxed{\sqrt{6}+\dfrac{\sqrt{3}}{3}}$

③ $3A-B$ 에 대입

$=3\times\left(\dfrac{2\sqrt{3}-\sqrt{6}}{3}\right)-\left(\sqrt{6}+\dfrac{\sqrt{3}}{3}\right)$

A　B

$=(2\sqrt{3}-\sqrt{6})-\left(\sqrt{6}+\dfrac{\sqrt{3}}{3}\right)$

$=2\sqrt{3}-\sqrt{6}-\sqrt{6}-\dfrac{\sqrt{3}}{3}$

$=\left(2-\dfrac{1}{3}\right)\sqrt{3}+(-1-1)\sqrt{6}$

$=\boxed{\dfrac{5}{3}\sqrt{3}-2\sqrt{6}}$

답 $\dfrac{5}{3}\sqrt{3}-2\sqrt{6}$

Tip

- 분모를 유리화할 때, 분자에 항이 여러 개라면 반드시 분자에 괄호를 해줘야 해요.

예 $\dfrac{♡+☆}{\sqrt{3}}$의 분모를 유리화할 때,

$\dfrac{♡+☆\times\sqrt{3}}{\sqrt{3}\times\sqrt{3}}$ 이렇게 하면 틀려요!

$\dfrac{(♡+☆)\times\sqrt{3}}{\sqrt{3}\times\sqrt{3}}$ 이렇게 계산해야 해요.

난이도 ★★★☆☆

1

$\dfrac{\sqrt{8}-\sqrt{10}}{\sqrt{2}}+\sqrt{5}$를 계산하여라.

풀이 쓰기

Hint $\dfrac{(\sqrt{8}-\sqrt{10})}{\sqrt{2}}$의 분모와 분자에 $\sqrt{2}$를 각각 곱해서 분모의 유리화를 해요.

2

$A=\dfrac{3-\sqrt{2}}{\sqrt{5}}$, $B=\sqrt{10}+\dfrac{5}{\sqrt{5}}$일 때, $5A-B$의 값을 구하여라.

풀이 쓰기

알아두면 좋아요

분배법칙을 이용한 분모의 유리화를 알아 볼까요?

$a>0$, $b>0$, $c>0$일 때,

$\dfrac{\sqrt{a}+\sqrt{b}}{\sqrt{c}}=\dfrac{(\sqrt{a}+\sqrt{b})\times\sqrt{c}}{\sqrt{c}\times\sqrt{c}}=\dfrac{\sqrt{ac}+\sqrt{bc}}{c}$예요.

여기서 근호 안의 수가 제곱인 수를 인수로 가지면?

먼저 **근호 밖으로 꺼낸 후**에 분모의 유리화를 해줘요.

021 계산 결과가 유리수가 되는 조건

다음을 계산한 값이 유리수가 되도록

유리수 a의 값을 구하여라.

$$\sqrt{75}-4+a(1-\sqrt{3})$$

Tip

- 유리수가 되는 조건 근호($\sqrt{\ }$)가 있는 항을 '0'으로 만들어요.

풀·이·쓰·기

① $\sqrt{75}=\sqrt{5^2\times3}=5\sqrt{3}$ 이므로

주어진 식은

$5\sqrt{3}-4+a(1-\sqrt{3})$ 이다.

분배법칙

$=5\sqrt{3}-4+a-a\sqrt{3}$

이미유리수

여기가 중요! $\sqrt{3}$이 살아있으면 유리수가 X

→ $5\sqrt{3}-a\sqrt{3}=0$ 이어야 한다.

→ $(5-a)\sqrt{3}=0$ 이므로

요기가 "0"이 되어야 해

→ $5-a=0$

$\therefore a=5$

답 5

난이도 ★★★★☆

1

다음을 계산한 값이 유리수가 되도록 유리수 a의 값을 구하여라.

풀이 쓰기

(1) $\sqrt{18}-1+a(2-\sqrt{2})$

(2) $\sqrt{125}\left(\frac{3}{\sqrt{5}}-\frac{3}{5}\right)+\frac{a}{\sqrt{5}}(5-\sqrt{20})$

Hint 분모에 근호($\sqrt{\ }$)가 있을 때는 반드시 분모의 유리화를 해줘요.

알아두면 좋아요

유리수가 되는 조건이 뭘까요? 바로 근호($\sqrt{\ }$)를 없앨 수 있어야 해요.
만약 $a+b\sqrt{m}$라는 식의 결과가 유리수가 되도록 '유리수 b'의 값을 구할 때, $\sqrt{m}$의 근호를 없앨 수 없다면, $b=0$이 되어서 아예 $\sqrt{m}$을 사라지게 하면 결과가 유리수가 되겠죠?

$$(-4+a)+(5-a)\sqrt{3}$$

여기는 이미 유리수야 신경 쓰지 말자! — $(-4+a)$

$(5-a)$ — 여기 값이 '0'이 되면 $\sqrt{3}$을 없앨 수 있지!

022 정수 부분과 소수 부분 구분하기

$\sqrt{5}+2$의 정수 부분을 a, ①
소수 부분을 b라 할 때, ②
$a-b$의 값을 구하여라.

$\boxed{\sqrt{5}+2}$ - 정수부분

풀·이·쓰·기

① 정수부분 구하기 (양쪽 제곱수를 생각!)

$\sqrt{4}<\sqrt{5}<\sqrt{9}$

→ $2<\sqrt{5}<3$ 이므로

→ $\sqrt{5}=2.\text{xxxx}\cdots$

따라서, $\sqrt{5}+2=④.\text{xxx}\cdots$ ← 정수부분

→ 정수부분 : 4

∴ $\boxed{a=4}$

② 소수부분 구하기

(주어진 수)−(정수부분)

→ $(\sqrt{5}+2)-4$

$=\boxed{\sqrt{5}-2}$ ← 이게 소수부분

∴ $b=\sqrt{5}-2$

③ $a-b$ 구하기

$a-b=4-(\sqrt{5}-2)$

$=4-\sqrt{5}+2$

$=\boxed{6-\sqrt{5}}$

답 $6-\sqrt{5}$

Tip

- (무리수) = (정수 부분) + (소수 부분)
- (소수 부분) = (무리수) + (정수 부분)
- ($\sqrt{a}$의 소수 부분) = $\sqrt{a}$ − ($\sqrt{a}$의 정수 부분)
- 0 < (소수 부분) < 1

난이도 ★★★★☆

I 제곱근과 실수

1

$\sqrt{10}+1$의 정수 부분을 a, 소수 부분을 b라 할 때, a, b의 값을 각각 구하여라.

풀이 쓰기

2

$\sqrt{7}$의 소수 부분을 a, $\sqrt{3}$의 소수 부분을 b라 할 때, $\sqrt{7}a+\sqrt{3}b+2\sqrt{7}$의 정수 부분을 구하여라.

풀이 쓰기

Hint 10에서 1.○○○…을 빼면 9.☆☆☆…이 아니라 8.☆☆☆…이에요.

수학 읽기

무리수 $\sqrt{7}$은 2.645751311… 이렇게 쭉 이어져요. 여기서 정수 부분은 2, 소수 부분은 0.645751311…라고 할 수 있죠? 이렇게 무리수 $\sqrt{7}$은 정수 부분 '2'와 소수 부분 '0.645751311…'의 합으로 이루어져 있어요.
여기서 우리는 소수점 뒤에 '…' 때문에 어떻게 표현할 방법이 없어서 근호($\sqrt{\ }$)를 이용해서 표현하고 있어요. 그런데 $\sqrt{7}$이라고 쓰니까 정수 부분과 소수 부분이 한눈에 잘 보이지 않아요. 그래서 이렇게 생각하기로 했어요.
'(무리수)=(정수 부분)+(소수 부분)이라면, (소수 부분)=(무리수)−(정수 부분)으로 생각할 수도 있구나!'
즉, $\sqrt{7}$의 소수 부분은 0.645751311…로도 표현할 수 있지만 '…'이라는 것은 부정확해요. 그래서 $\sqrt{7}-2$로 명확하게 표현해요.

023 수직선 위에서의 무리수의 계산

다음 그림은 한 눈금의 길이가 1인 모눈종이 위에 수직선과 두 직각삼각형 ABC, DEF를 그린 것이다.

$\overline{AC}=\overline{PC}$, $\overline{DE}=\overline{QE}$가 되도록 수직선 위에 두 점 P, Q를 잡을 때, 점 P와 점 Q에 대응하는 수를 각각 구하여라.

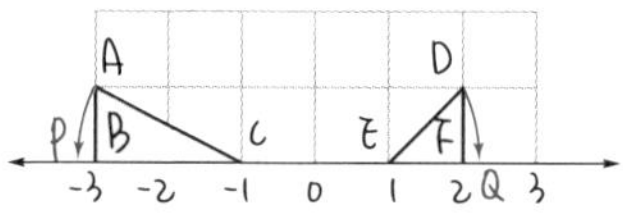

풀·이·쓰·기

① 점 P에 대응하는 수 구하기

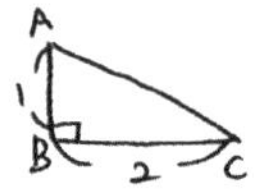

$\overline{AC}^2=1^2+2^2=5$

$\rightarrow \overline{AC}=\sqrt{5}$

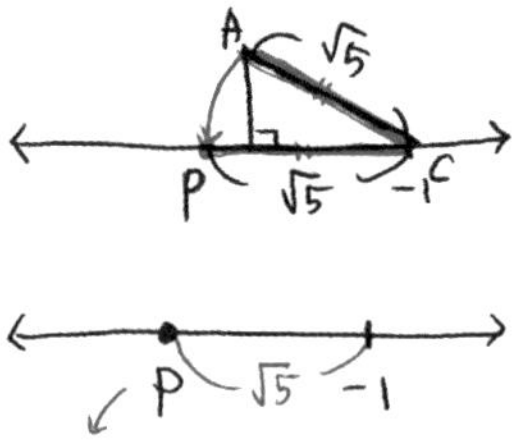

점 P는 −1보다 $\sqrt{5}$만큼 작다.

따라서, $P(-1-\sqrt{5})$

② 점 Q에 대응하는 수 구하기

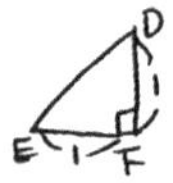

$\overline{DE}^2=1^2+1^2=2$

$\overline{DE}=\sqrt{2}$

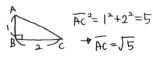

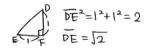

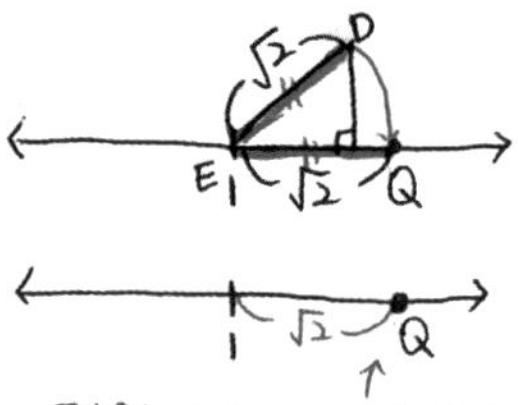

점Q는 1보다 $\sqrt{2}$만큼 큰 수

따라서, $Q(1+\sqrt{2})$

답 $P(-1-\sqrt{5})$, $Q(1+\sqrt{2})$

난이도 ★★★★☆

1

다음 그림과 같이 한 눈금의 길이가 1인 모눈종이 위에 수직선과 두 직각삼각형 ABC, DEF를 그리고 $\overline{AB}=\overline{PB}$, $\overline{DF}=\overline{QF}$가 되도록 수직선 위에 두 점 P, Q를 정할 때, 점 P와 Q의 위치를 각각 구하여라.

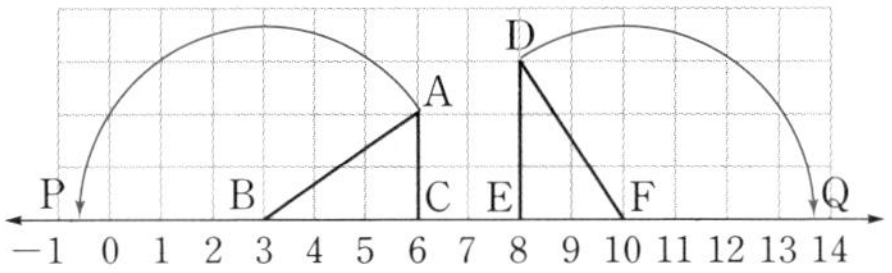

풀이 쓰기

Hint 두 점 P, Q의 위치 선정은 항상 원의 중심에서부터 시작해요.

알아두면 좋아요

만약 두 점 P, Q 사이의 거리를 구하고 싶다면 어떻게 해야 할까요? 각 점이 나타내는 수 중에서 누가 더 큰 수이고, 작은 수인지 찾아서 **큰 수에서 작은 수를 빼면 두 점 사이의 거리를 구할 수 있어요**.

예를 들어 위의 문제에서는 점 Q가 점 P보다 큰 수니까 (Q에 해당하는 수)−(P에 해당하는 수)를 계산하면, 두 점 사이의 거리를 구할 수 있겠죠?

그렇다면 점 $A(3-\sqrt{2})$와 점 $B(6+\sqrt{8})$ 사이의 거리를 구해 볼까요? 먼저 수직선에 대응하는 점을 찍어 어떤 수가 더 큰지 구한 뒤 거리를 구해 봅시다.

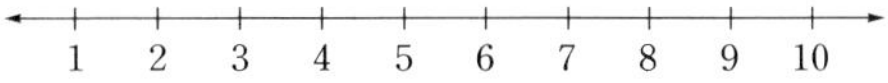

024 세 실수의 대소 관계

세 수 a, b, c에 대하여
다음 물음에 답하여라.

$a=2\sqrt{3}$, $b=\sqrt{3}+\sqrt{5}$, $c=\sqrt{5}+1$

(1) a와 b의 대소를 비교하여라.

(2) b와 c의 대소를 비교하여라.

(3) 세 수 중 가장 큰 수는?

Tip

- 어떤 두 수 a, b의 대소 관계를 구할 때,
  $a-b$가 양수이면, $a>b$이고,
  $a-b$가 음수이면, $a<b$이고,
  $a-b$가 0이라면, $a=b$예요.

풀·이·쓰·기

(1) a와 b

→ $a-b=2\sqrt{3}-(\sqrt{3}+\sqrt{5})$

$=2\sqrt{3}-\sqrt{3}-\sqrt{5}$

$=\sqrt{3}-\sqrt{5}$

0보다 작다! 음수!

→ $a-b<0$ 이므로

⇒ $a<b$

(2) b와 c

→ $b-c=(\sqrt{3}+\sqrt{5})-(\sqrt{5}+1)$

$=\sqrt{3}+\sqrt{5}-\sqrt{5}-1$

$=\sqrt{3}-1$

1.xxx이므로

1.xxx..−1 = 0.xxx..

양수!

→ $b-c>0$ 이므로

⇒ $b>c$

(3) $a<b$ 이고 $b>c$ 이므로

b가 가장 큰 수이다.

답 (1) $a<b$, (2) $b>c$, (3) b

난이도 ★★★★☆

1

세 수 a, b, c에 대하여 다음 물음에 답하여라.

풀이 쓰기

$$a=\sqrt{3}+\sqrt{2},\ b=2\sqrt{2},\ c=3\sqrt{2}-\sqrt{5}$$

(1) a와 b의 대소를 비교하라.

(2) b와 c의 대소를 비교하라.

(3) 세 수 중 가장 큰 수를 구하여라.

알아두면 좋아요

만약 두 수의 대소를 비교할 때, 어떤 수가 더 크고 작은지 알 수 없으면 어떻게 해야 할까요? 여기 두 수 $1+\sqrt{5}$와 $\sqrt{2}+\sqrt{3}$이 있어요. 그런데 두 수의 차를 이용하면 $(1+\sqrt{5})-(\sqrt{2}+\sqrt{3})$인데 동류항이 없어서 값이 0보다 큰지 작은지 알 수가 없어요. 이럴 때는 제곱근표를 이용하면 쉽게 해결할 수 있어요.

제곱근표를 보면 $\sqrt{2}\fallingdotseq1.414$, $\sqrt{3}\fallingdotseq1.732$, $\sqrt{5}\fallingdotseq2.236$인 것을 알 수 있어요.

자! 이제 근삿값을 알았으니 계산을 해 볼까요?

$1+\sqrt{5}\fallingdotseq1+2.236\fallingdotseq3.236$이고, $\sqrt{2}+\sqrt{3}\fallingdotseq1.414+1.732\fallingdotseq3.146$이므로,

$1+\sqrt{5}$가 조금 더 크다고 볼 수 있어요. 이런 대소 관계는 근삿값을 모르거나 제곱근표가 없으면 비교하기가 무척 어렵겠죠?

쌤의 수학 읽을거리

제곱근 이야기

$x^2=1$ ➡ 제곱해서 1이 되는 수? 아하! $+1$과 -1이 있어!

$x^2=2$ ➡ 제곱해서 2가 되는 수? 그런 게 있나? 없는 것 같은데...

$x^2=3$ ➡ 이것도 역시 없어...

$x^2=4$ ➡ 이건 있지! $+2$나 -2를 제곱하면 4가 되잖아!

$x^2=5$ ➡ 제곱해서 5가 되는 수? 이것도 없는데....

자 여기서 수학자들은 고민했습니다.

'왜 우리는 $x^2=1$, $x^2=4$는 해결할 수 있으면서 $x^2=2$, $x^2=3$, $x^2=5$는 해결할 수 없을까? 수학은 완벽해야 하는데 지금까지의 유리수 범위 내에서는 제곱해서 2, 3이 되는 수가 없어!'

그래서 수학자들은 완벽한 수학을 위해 $\sqrt{\ }$(루트)라는 개념을 만들었어요.
제곱해서 2가 되는 수? $+\sqrt{2}$와 $-\sqrt{2}$라고 하자!
제곱해서 3이 되는 수? $+\sqrt{3}$과 $-\sqrt{3}$이라고 하자!

그런데 어떤 수학자가 이런 질문을 던졌어요.

수학자 A: "그럼 제곱해서 음수가 되는 숫자가 있을까?"
수학자 B: "무슨 소리야! 제곱해서 어떻게 음수가 될 수 있어? 그건 불가능해!"
수학자 A: "음수라고 못 구하는 것은 용납할 수 없어! 수학은 완벽해야 해!"

그래서 수의 개념 하나가 또 등장합니다. 바로 상상 속의 수, 가짜 수, 헛된 수, 존재하지 않는 수인 i예요. i는 'Image Number'의 첫 글자를 뜻해요.

$$i^2=-1 \text{ 또는 } i=\sqrt{-1}$$

Ⅱ. 다항식의 곱셈과 인수분해

#(다항식)×(다항식) #곱셈공식

#합차공식 #완전제곱식 #식의 값

#공통인수 #인수분해 #인수분해의 활용

025 (다항식) × (다항식)

다음 식을 전개하여라.

(1) $(2x+y)(5x-3y)$

(2) $(a-b+2)(3a-2b)$

! Tip

① 식을 전개할 때는 어떻게 곱해야 할지 화살표를 그리고 차근차근 계산해요.

② 동류항이 있으면 식을 정리해 줘요.

풀·이·쓰·기

(1) $(2x+y)(5x-3y)$

① ② ③ ④

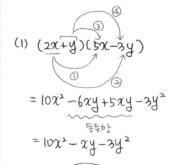

$= 10x^2 - 6xy + 5xy - 3y^2$

동류항

$= 10x^2 - xy - 3y^2$

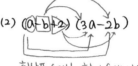

(2) $(a-b+2)(3a-2b)$

화살표 6개! 항이 6개 나와야 함

But! 이렇게 한번에 하면 헷갈려~

① $(a-b+2)(3a-2b)$ a만 분배

→ $3a^2-2ab$

② $(a-b+2)(3a-2b)$ $-b$만 분배

→ $-3ab+2b^2$

③ $(a-b+2)(3a-2b)$ $+2$만 분배

→ $+6a-4b$

자, 이제 ①, ②, ③ 합체!!

→ $3a^2-2ab-3ab+2b^2+6a-4b$

동류항

$= 3a^2-5ab+2b^2+6a-4b$ 전개 완료!

답 (1) $10x^2-xy-3y^2$, (2) $3a^2-5ab+2b^2+6a-4b$

난이도 ★★☆☆☆

1

다음 식을 전개하여라.

풀이 쓰기

(1) $(3x-y)(2x+5y)$

Hint 곱하는 화살표가 4개! 실수하지 않고 계산해요.

(2) $(a+b-2)(5a+2b)$

Hint 곱하는 화살표가 6개! 실수하지 않고 계산해요.

2

$(x-y)(Ax+2y)$를 전개한 식이 $5x^2-Bxy-2y^2$일 때, 상수 A, B에 대하여 $A+B$의 값을 구하여라.

풀이 쓰기

Hint $(x-y)(Ax+2y)$를 먼저 계산해서 주어진 식과 비교해요.

II

다항식의 곱셈과 인수분해

026 곱셈공식 1, 2(완전제곱식)

다음을 전개하여라.

(1) $(3x+2y)^2$

(2) $(2x-5y)^2$

(3) $(-x-3y)^2$

각 덩어리로 보면 공식적용가능!

Tip

- 완전제곱식
  ① $(a+b)^2=a^2+2ab+b^2$
  ② $(a-b)^2=a^2-2ab+b^2$

풀·이·쓰·기

(1) $(3x+2y)^2$

제곱 $9x^2$, 둘이 곱해서 $+6xy$, 제곱 $+4y^2$, 2배

$\Rightarrow 9x^2+12xy+4y^2$

(2) $(2x-5y)^2$

제곱 $4x^2$, 둘이곱 $-10xy$, 제곱 $+25y^2$, 2배

$\Rightarrow 4x^2-20xy+25y^2$

(3) $(-x-3y)^2$

제곱 $+x^2$, 둘이곱 $+3xy$, 제곱 $+9y^2$, 2배

$= x^2+6xy+9y^2$

답 (1) $9x^2+12xy+4y^2$, (2) $4x^2-20xy+25y^2$, (3) $x^2+6xy+9y^2$

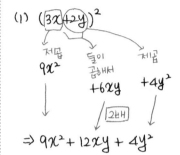

난이도 ★★☆☆☆

1

다음을 전개하여라.

풀이 쓰기

(1) $(2x+y)^2$

(2) $(3x-2y)^2$

(3) $(-x-5y)^2$

2

$(3x+\mathrm{A})^2=9x^2+\mathrm{B}x+25$일 때, 양수 A, B에 대하여 A+B의 값을 구하여라.

풀이 쓰기

Ⅱ

다항식의 곱셈과 인수분해

027 곱셈공식 3(합차공식)

다음을 전개하여라.

(1) $(a-5)(a+5)$

(2) $(4a+b)(b-4a)$

엥? 합차공식 가능?

(3) $(a-1)(a+1)(a^2+1)$

일단 여기부터 합차공식을 적용해보자.

Tip

- 합차공식

$(a+b)(a-b)=a^2-b^2$

합, 차, 제곱의 차

- 연속하는 합차공식

$(a+b)(a-b)(a^2+b^2)=(a^2-b^2)(a^2+b^2)$

차, 합

$=(a^2)^2-(b^2)^2$

제곱의 차

$=a^4-b^4$

풀·이·쓰·기

(1) $(a-5)(a+5)=a^2-5^2$

차, 합

합차공식 가능!

$=\boxed{a^2-25}$

(2) $(4a+b)(b-4a)$ 엥? 이대로는 합차공식 불가

순서를 바꿔보자

$=(b+4a)(b-4a)$

합, 차

오! 이제 가능

$=b^2-(4a)^2$

$=\boxed{b^2-16a^2}$

(3) $(a-1)(a+1)(a^2+1)$

일단 여기만

$=(a^2-1^2)(a^2+1)$

$=(a^2-1)(a^2+1)$

차, 합

$=(a^2)^2-1^2$

$=\boxed{a^4-1}$

답 (1) a^2-25, (2) b^2-16a^2, (3) a^4-1

난이도 ★★★☆☆☆

1

다음을 전개하여라.

풀이 쓰기

(1) $(a-3)(a+3)$

(2) $(2a+5b)(5b-2a)$

2

$(x-1)(x+1)(x^2+1)(x^4+1)(x^8+1)$을 전개하여라.

풀이 쓰기

Hint 곱셈이 너무 많아서 복잡해 보이지만 1은 아무리 많이 곱해도 1이에요. $(x-1)$과 $(x+1)$을 먼저 곱하면, 다음 길이 보일 거예요.

028 곱셈공식 4(이차식 곱셈공식)

다음 식을 전개하여라.

(1) $(x+2)(x-5)$

(2) $(x+6)\left(x-\frac{1}{3}\right)$

Tip

- 일차항의 계수가 1인 두 일차식의 곱

$(x+a)(x+b)=x^2+\underbrace{(a+b)}_{\text{합}}x+\underbrace{ab}_{\text{곱}}$

풀·이·쓰·기

(1) $(x+2)(x-5)$

합, 곱

$=x^2-3x-10$

(2) $(x+6)\left(x-\frac{1}{3}\right)$

합

$(+6)+\left(-\frac{1}{3}\right)$

$=\left(+\frac{18}{3}\right)+\left(-\frac{1}{3}\right)$

$=+\frac{17}{3}$

곱

$(+6)\times\left(-\frac{1}{3}\right)$

$=-2$

$\Rightarrow x^2+\frac{17}{3}x-2$

답 (1) $x^2-3x-10$, (2) $x^2+\frac{17}{3}x-2$

난이도 ★★★☆☆

1

$(x-3)(x-4)$를 전개하여라.

풀이 쓰기

2

$(x-4)(x+\frac{1}{2})$를 전개한 식의 x의 계수와 상수항의 곱을 구하여라.

풀이 쓰기

알아두면 좋아요

사실 곱셈공식 ④부터는 여러분들이 굳이 외울 필요는 없어요. 그냥 틀리지 않게 잘 분배해서 곱하면 되거든요. 곱셈공식을 잘 살펴볼까요?

(→ 동류항)

$(x+a)(x+b)$을 전개하면 $(x+a)(x+b)=x^2+ax+bx+ab$ 여기서 ax와 bx는 동류항이므로 결국 $(x+a)(x+b)=x^2+(a+b)x+ab$ 라고 표현할 수 있죠.

다항식의 곱셈과 인수분해

029 곱셈공식 5(이차식 곱셈공식)

다음 식에서 상수 a, b의 값을 각각 구하여라.

(1) $(x+a)(x-3) = x^2+bx-27$

(2) $(2x+a)(3x-1) = 6x^2+bx-1$

풀·이·쓰·기

(1) $(x+a)(x-3)$

$= x^2-3x+ax-3a$

x로 묶자

$= x^2+(-3+a)x-3a$

$= x^2+bx-27$

① $-3a=-27$ 이므로 $a=9$

② $-3+a=b$ 에서

$-3+9=b \rightarrow b=6$

(2) $(2x+a)(3x-1)$

$= 6x^2-2x+3ax-a$

x로 묶자

$= 6x^2+(-2+3a)x-a$

$= 6x^2+bx-1$

① $-a=-1$ 이므로 $a=1$

② $-2+3a=b$ 에서

$-2+3=b \rightarrow b=1$

Tip

- 일차항의 계수가 1이 아닌 두 일차식의 곱
  $(ax+b)(cx+d)=acx^2+(ad+bc)x+bd$
  → 꼭 외울 필요는 없어요. 열심히 분배하면 된답니다.

답 (1) $a=9$, $b=6$ (2) $a=1$, $b=1$

난이도 ★★★☆☆

1

$(x-a)(x+8)=x^2+5x+b$일 때, $a+b$의 값을 구하여라.

풀이 쓰기

2

다음 중 옳지 않은 것은?

풀이 쓰기

① $(3x-2)^2=9x^2-12x+4$

② $(x+5)(x-6)=x^2-x-30$

③ $(-x-y)^2=x^2-2xy+y^2$

④ $(-a+5)(5+a)=25-a^2$

⑤ $(2x-3y)(x+y)=2x^2-xy-3y^2$

Hint 이 문제는 곱셈공식을 정리하는 종합 문제예요. 지금까지 배운 곱셈공식을 잘 생각해 보면서 하나씩 풀이해 봐요.

알아두면 좋아요

지금까지 배웠던 곱셈공식을 정리해 볼까요?

① $(a+b)^2=a^2+2ab+b^2$ ┐
② $(a-b)^2=a^2-2ab+b^2$ ┘ 완전제곱식

③ $(a+b)(a-b)=a^2-b^2$ — 합차공식

④ $(x+a)(x+b)=x^2+(a+b)x+ab$

⑤ $(ax+b)(cx+d)=acx^2+(ad+bc)x+bd$

030 공통 부분은 ♡로 바꿔서 전개해요

다음 주어진 식을 전개하여라.

$(2a+b-1)(2a-b-1)$

풀·이·쓰·기

(1) $(2a+b-1)(2a-b-1)$

교환 교환

$=(2a-1+b)(2a-1-b)$

공통부분!

$2a-1$ 대신 ♡를 씁시다.

왜? 복잡하니깐…

$=(♡+b)(♡-b)$ ← 간단!

$=♡^2-b^2$

↓ 다시 ♡를 열어봅시다.

♡$=2a-1$ 이었죠?

$=(2a-1)^2-b^2$

↳ 이제 얘를 해결

$=4a^2-4a+1-b^2$ //

전개 완료!

답 $4a^2-4a+1-b^2$

Tip

- 두 일차항을 곱할 때, 공통된 부분이 있으면 하나의 문자로 바꿔서 더 쉽게 계산할 수 있어요.

지연쌤의 SNS

꼭 공통된 부분을 바꿔서 전개해야 하나요?

반드시 공통된 부분을 문자로 바꿔서 전개할 필요는 없어요. 그냥 하나씩 분배해서 계산해도 괜찮아요. 단지 공통된 부분을 문자로 바꿔서 계산하면, 복잡한 계산을 조금이라도 단순하게 바꿀 수 있어서 실수를 줄일 수 있어요.

물론 공통된 부분이 없으면 하나씩 분배해서 계산해야 하니 열심히 분배하는 방법과 문자로 바꾸는 방법 모두 알고 있으면 좋겠죠?

난이도 ★★★★☆

1

다음 주어진 식을 전개하여라.

$$(a+3b-5)(a-3b-5)$$

풀이 쓰기

2

$(x-y+4)^2$를 전개했을 때, x의 계수와 y의 계수의 합을 구하여라.

풀이 쓰기

Hint $x-y$를 ♡로 바꿔서 계산하면, 식이 $(♡+4)^2$이 되겠죠?

알아두면 좋아요

공통된 부분을 문자로 바꿔서 계산할 때, 계산을 끝내고 반드시 바꿨던 문자를 공통된 부분으로 다시 바꿔서 계산을 끝내야 하는 것을 잊지 마세요.
예를 들어 $(a+b+1)(a+b-1)$에서 공통된 부분은 $(a+b)$이죠? $(a+b)$를 ☆로 바꿔서 계산하면,
$(☆+1)(☆-1)=(☆^2-1)$이 돼요. 자 이제 계산이 끝났죠?
아니에요! 아직 ☆을 $(a+b)$로 바꿔서 계산하지 않았어요. 문자를 공통 부분으로 다시 바꾸면 $(a+b)^2-1$이므로, $(a+b)^2-1=a^2+2ab+b^2-1$가 올바른 답이에요.

031 곱셈공식을 이용한 수의 계산

다음 중 계산한 값이 유리수인 것은 모두 몇 개인가? ($\sqrt{\ }$ 가 하나라도 없어야 해)

㉠ $(\sqrt{2}+1)^2$

㉡ $(\sqrt{3}-2)^2$

㉢ $(\sqrt{7}-\sqrt{2})(\sqrt{7}+\sqrt{2})$

㉣ $(\sqrt{5}-2)(\sqrt{5}-3)$

Tip

- 우리가 배웠던 곱셈공식들을 이용해서 식을 전개하고 무리수를 정리할 수 있는지 확인해요. 만약 근호($\sqrt{\ }$)가 하나라도 남아있다면 그 계산 결과는 유리수가 될 수 없겠죠?

풀·이·쓰·기

㉠ $(\sqrt{2}+1)^2 = (\sqrt{2})^2 + 2\sqrt{2} + 1^2$ (곱: $\sqrt{2}$, 2배)

$= 2+2\sqrt{2}+1$

$= 3+2\sqrt{2}$ ← 무리수

㉡ $(\sqrt{3}-2)^2 = (\sqrt{3})^2 - 4\sqrt{3} + 2^2$ (곱: $-2\sqrt{3}$, 2배)

$= 3-4\sqrt{3}+4$

$= 7-4\sqrt{3}$ ← 무리수

㉢ $(\sqrt{7}-\sqrt{2})(\sqrt{7}+\sqrt{2})$ ← 합차공식!

$= (\sqrt{7})^2-(\sqrt{2})^2$

$= 7-2 = 5$ ← 유리수!!!

㉣ $(\sqrt{5}-2)(\sqrt{5}-3)$ (합, 곱)

$= (\sqrt{5})^2-5\sqrt{5}+6$

$= 5-5\sqrt{5}+6 = 11-5\sqrt{5}$ ← 무리수

답 1개

난이도 ★★★★☆

1

다음 보기 에서 계산한 값이 유리수인 것을 모두 골라라.

풀이 쓰기

보기

㉠ $(\sqrt{3}+1)^2$
㉡ $(\sqrt{5}-\sqrt{3})(\sqrt{5}+\sqrt{3})$
㉢ $(\sqrt{2}-1)(1+\sqrt{2})$
㉣ $(3-\sqrt{7})(3-\sqrt{6})$

2

두 수 A, B가 다음과 같을 때, AB의 값을 구하여라.

풀이 쓰기

$$A=(\sqrt{5}-2)^2,\quad B=(1+\sqrt{5})^2$$

Hint 곱셈공식 $(a\pm b)^2=a^2\pm 2ab+b^2$을 이용해요.

알아두면 좋아요

5.02×4.98을 계산해 볼까요?
그런데 두 숫자를 자세히 보면 5.02는 5에 +0.02를 한 것이고, 4.98은 5에 −0.02를 한 것을 알 수 있어요.
$5.02\times4.98=(5+0.02)(5-0.02)$
어? 식의 모양이 많이 보던 모양이죠? 맞아요. 합차공식인 $(a+b)(a-b)=a^2-b^2$과 같아요.
즉, $(5+0.02)(5-0.02)=5^2-0.02^2=25-0.0004=24.9996$이 되요. 참 쉽게 계산했죠?
곱셈공식은 이렇게도 활용할 수 있답니다.

032 곱셈공식을 이용한 분모의 유리화

$\dfrac{\sqrt{6}-\sqrt{2}}{\sqrt{6}+\sqrt{2}}$ 를 분모를 유리화하여 계산하여라.

Tip

- 분모를 유리화한다는 것은 분모에 무리수가 하나도 없어야 한다는 말과 같아요. 분모에 어떤 식을 곱해야 분모에 무리수가 없어질지 한번 고민해 볼까요?

풀·이·쓰·기

① $\dfrac{\sqrt{6}-\sqrt{2}}{\sqrt{6}+\sqrt{2}}$ ← 분모를 유리화하려면 $(\sqrt{6}-\sqrt{2})$를 곱해서 합차공식으로!

→ $\dfrac{(\sqrt{6}-\sqrt{2})(\sqrt{6}-\sqrt{2})}{(\sqrt{6}+\sqrt{2})(\sqrt{6}-\sqrt{2})}$

$= \dfrac{(\sqrt{6}-\sqrt{2})^2}{(\sqrt{6})^2-(\sqrt{2})^2}$

$= \dfrac{(\sqrt{6}-\sqrt{2})^2}{6-2} = \dfrac{(\sqrt{6}-\sqrt{2})^2}{4}$ ← 분모유리화 성공!

→ 이제 분자 $(\sqrt{6}-\sqrt{2})^2$을 계산

$(\sqrt{6}-\sqrt{2})^2=(\sqrt{6})^2-2\sqrt{12}+(\sqrt{2})^2$ (곱 $\sqrt{12}$, 2배)

$= 6-4\sqrt{3}+2$

$= 8-4\sqrt{3}$

→ 다시 주어진 식으로

$\dfrac{(\sqrt{6}-\sqrt{2})^2}{4} = \dfrac{8-4\sqrt{3}}{4}$

$= \boxed{2-\sqrt{3}}$

답 $2-\sqrt{3}$

난이도 ★★★★☆

1

$\dfrac{\sqrt{5}-\sqrt{3}}{\sqrt{5}+\sqrt{3}}$ 을 분모를 유리화하여 계산하여라.

풀이 쓰기

2

$\dfrac{3-\sqrt{7}}{3+\sqrt{7}}-\dfrac{2}{3-\sqrt{7}}=a+b\sqrt{7}$일 때, 유리수 a, b에 대하여 $a+b$의 값을 구하여라.

풀이 쓰기

알아두면 좋아요

분모를 유리화할 때 분모가 2개의 항으로 되어 있는 무리수이면, 합차공식을 이용해서 분모를 유리화할 수 있어요.

분모	곱하는 수
$a+\sqrt{b}$	$a-\sqrt{b}$
$a-\sqrt{b}$	$a+\sqrt{b}$
$\sqrt{a}+\sqrt{b}$	$\sqrt{a}-\sqrt{b}$
$\sqrt{a}-\sqrt{b}$	$\sqrt{a}+\sqrt{b}$

부호 반대로!

033 두 수의 합 또는 차와 곱이 주어진 경우

다음 주어진 조건을 이용하여

a^2+b^2의 값을 구하여라.

(1) $a+b=7$, $ab=6$ 인 경우

(2) $a-b=8$, $ab=3$ 인 경우

Tip

- 우리가 배운 곱셈공식들을 전개하여 대입할 수 있는지 확인해요.
  - ① 완전제곱식
    $(a+b)^2=a^2+2ab+b^2$
    $(a-b)^2=a^2-2ab+b^2$
  - ① 합차공식
    $(a+b)(a-b)=a^2-b^2$

풀·이·쓰·기

(1) $(a+b)^2=a^2+2ab+b^2$ ($a+b$ ← 7, ab ← 6)

→ $7^2=a^2+2\times6+b^2$

$49=a^2+12+b^2$

$49-12=a^2+b^2$

$\therefore a^2+b^2=37$

(2) $(a-b)^2=a^2-2ab+b^2$ ($a-b$ ← 8, ab ← 3)

→ $8^2=a^2-2\times3+b^2$

$64=a^2-6+b^2$

$64+6=a^2+b^2$

$\therefore a^2+b^2=70$

답 (1) **37**, (2) **70**

난이도 ★★★★☆

1

다음 주어진 조건을 이용하여 a^2+b^2의 값을 구하여라.

풀이 쓰기

(1) $a+b=8$, $ab=5$인 경우

(2) $a-b=10$, $ab=7$인 경우

2

$a-b=4$, $a^2+b^2=20$일 때, ab의 값을 구하여라.

풀이 쓰기

알아두면 좋아요

위와 같이 조건을 이용하는 문제들은 공식으로 알아두면 편하게 문제를 풀이할 수 있어요.

$$a^2+b^2=(a+b)^2-2ab$$
$$(a-b)^2=(a+b)^2-4ab$$

$$a^2+b^2=(a-b)^2+2ab$$
$$(a+b)^2=(a-b)^2+4ab$$

II 다항식의 곱셈과 인수분해

034 역수의 합 또는 차가 주어진 경우

$x+\frac{1}{x}=9$ 일 때, $\left(x-\frac{1}{x}\right)^2$의 값을 구하여라.

풀·이·쓰·기

① $\left(x+\frac{1}{x}\right)^2$을 생각해보자.

$=x^2+2+\frac{1}{x^2}=9^2=81$

왜? $x\times\frac{1}{x}=1 \xrightarrow{2배} \boxed{2}$

→ $x^2+2+\frac{1}{x^2}=81$ 이므로

$x^2+\frac{1}{x^2}=81-2$

$\boxed{x^2+\frac{1}{x^2}=79}$

② $\left(x-\frac{1}{x}\right)^2$

$=x^2-2+\frac{1}{x^2}$

왜? $x\times\left(-\frac{1}{x}\right)=-1 \xrightarrow{2배} \boxed{-2}$

$=x^2+\frac{1}{x^2}-2$

79였지!

$=79-2=77$

Tip

- 역수의 합이나 차가 나와도 당황하지 말고, 곱셈공식을 이용해서 전개할 수 있어요.
  ① 완전제곱식
  $$\left(x+\frac{1}{x}\right)^2=x^2+2x\cdot\frac{1}{x}+\frac{1}{x^2}=x^2+\frac{1}{x^2}+2$$
  $$\left(x-\frac{1}{x}\right)^2=x^2-2x\cdot\frac{1}{x}+\frac{1}{x^2}=x^2+\frac{1}{x^2}-2$$
  ② 합차공식
  $$\left(x+\frac{1}{x}\right)\left(x-\frac{1}{x}\right)=x^2-\frac{1}{x^2}$$

답 77

난이도 ★★★★☆

1

$x+\frac{1}{x}=10$일 때, $\left(x-\frac{1}{x}\right)^2$의 값을 구하여라.

풀이 쓰기

2

$x-\frac{1}{x}=4-\sqrt{3}$일 때, $x^2+\frac{1}{x^2}$의 값을 구하여라.

풀이 쓰기

Hint $\left(x-\frac{1}{x}\right)^2$을 전개하면 $x^2-2+\frac{1}{x^2}$라는 전개식이 나와요.

알아두면 좋아요

위와 같이 조건을 이용하는 문제들은 공식으로 알아두면 편하게 문제를 풀이할 수 있어요.

$$a^2+\frac{1}{a^2}=\left(a+\frac{1}{a}\right)^2-2=\left(a-\frac{1}{a}\right)^2+2$$

$$\left(a+\frac{1}{a}\right)^2=\left(a-\frac{1}{a}\right)^2+4$$

$$\left(a-\frac{1}{a}\right)^2=\left(a+\frac{1}{a}\right)^2-4$$

035 공통인수를 이용한 인수분해

다음 중 $3x^2y-9xy^2$의 인수가 아닌 것은?

① 1

② $3x$

③ xy

④ $x-y$

⑤ $3y(x-3y)$

인수를 찾으려면 일단 인수분해✿

풀·이·쓰·기

일단! 공통부분을 찾아서 쏙~ 빼내어 보자.

$3x^2y-9xy^2$

여기에 $3xy$가 있고 / 여기에도 $3xy$가 있지!

$3xy$ 가 공통인수

$3xy(x-3y)$ ← 인수분해 완성✿

여기에서 뽑아낼 수 있어야 "인수"

① 1 ← 1은 모든 식의 인수

② $3x$ ← $3xy(x-3y)$ 가능

③ xy ← $3xy(x-3y)$

④ $x-y$ ← $3xy(x-3y)$
엥? $x-y$는 없어요~

⑤ $3y(x-3y)$ ← $3xy(x-3y)$

답 ④

Tip

- 인수분해는 식을 전개하는 과정의 반대라고 생각하면 이해하기 쉬울 거예요.

인수분해

$ax-ay=a(x-y)$

공통인수 / 전개

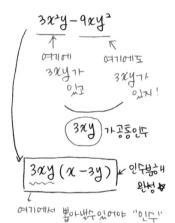

난이도 ★★★☆☆

1

다음 중 $2ab^2-4b$의 인수를 모두 고른 것은?

풀이 쓰기

① $2ab$ ② ab ③ $2b$

④ $4b$ ⑤ $ab-2$

Hint 각 항에 공통으로 들어 있어야 인수예요.

2

다음 보기 에서 $a(2x-y)+3a(x+y)$의 인수를 모두 고르시오.

풀이 쓰기

보기

ㄱ a	ㄴ $2x-y$
ㄷ $x+y$	ㄹ $a(x+y)$
ㅁ $5x+2y$	ㅂ $3a(5x+2y)$

Hint 공통인수 a를 먼저 뽑아내면, 생각보다 간단하게 인수분해할 수 있어요.

수학 읽기

인수분해? 소인수분해랑 이름이 비슷한데?

소인수분해와 인수분해의 간단한 예시를 볼까요?

예 소인수분해: $24=2\times2\times2\times3=2^3\times3$ → 어떤 수를 소인수만의 곱으로 분해하여 나타낸 것

인수분해: $8xy+4xy^2=4xy(2+y)$ → 어떤 다항식을 인수의 곱으로 나타내는 것

$a^2-b^2=(a+b)(a-b)$

036 인수분해 공식 1, 2 (완전제곱식과 합차공식)

다음을 인수분해 하여라.

(1) $4x^2-20x+25$

2^2 ↑ ↑ 5^2 완전제곱식?

(2) x^2-81

Tip

- 분배법칙, 완전제곱식, 합차공식 이 세 가지 법칙만 잘 기억하고 있어도 인수분해 문제들을 쉽게 해결할 수 있어요.

풀·이·쓰·기

(1) $4x^2-20x+25$

$2x$의 제곱, 5의 제곱

곱하면 $10x$ → 2배 체크

여기서!

$=(2x-5)^2$

↑ 이건어디서?

〈다른풀이〉

$4x^2-20x+25$

2	-5	-10
2	-5	-10
		-20

$=(2x-5)(2x-5)=(2x-5)^2$

(2) $x^2-81=x^2-9^2$

↑ 합차공식!

$=(x-9)(x+9)$

답 (1) $(2x-5)^2$, (2) $(x-9)(x+9)$

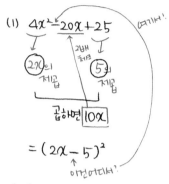

1

다음을 인수분해하여라.

(1) $9x^2-6x+1$

(2) x^2-25

풀이 쓰기

2

다음을 인수분해하여라.

(1) $5x^2y+5y-10xy$

(2) $-3x^2+12y^2$

풀이 쓰기

Hint 공통인수를 먼저 뽑아낸 후, 완전제곱식이나 합차공식을 찾아 보세요.

알아두면 좋아요

완전제곱식과 합차공식을 이용한 인수분해를 알아 볼까요?

① $a^2+2ab+b^2=(a+b)^2$
② $a^2-2ab+b^2=(a-b)^2$
— 항이 3개이고 제곱인 항이 2개일 때 이용할 수 있어요.

③ $a^2-b^2=(a+b)(a-b)$ — 항이 2개이고 부호가 서로 다를 때 이용할 수 있어요.

037 인수분해 공식 3, 4 (x^2의 계수가 1 또는 1이 아닌 이차식)

다음을 인수분해 하여라.

(1) x^2+5x-6

(2) $3x^2+4x-15$

풀·이·쓰·기

(1) $1x^2+5x-6$

↑ 1이 숨어있어요!

1차 시도 → $1x^2+5x-6$ 곱해서 -6이 안돼!

$1 \quad +3 \qquad +3$

$1 \quad +2 \qquad +2$

$+5$ 이건되는데

2차 시도 → $1x^2+5x-6$ 곱해서 -6 OK!

$1x \quad +6 \qquad +6$

$1x \quad -1 \qquad -1$

$+5$

생략

$\Rightarrow (1x+6)(1x-1)$

$= (x+6)(x-1)$

(2) $3x^2+4x-15$

$3x \quad -5 \qquad -5$

$1x \quad +3 \qquad +9$

$+4$

$\Rightarrow (3x-5)(1x+3)$

$= (3x-5)(x+3)$

Tip

- 인수분해는 앞으로 배울 이차방정식과 고등학교에서도 쭉 사용되는 중요한 내용이에요.

답 (1) $(x+6)(x-1)$, (2) $(3x-5)(x+3)$

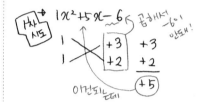

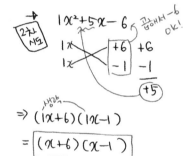

난이도 ★★★☆☆

1

다음을 인수분해하여라.

(1) $x^2+7x+10$

(2) $2x^2-3x-9$

풀이 쓰기

2

다음 중 $x+3$을 인수로 갖지 <u>않는</u> 것은?

① x^2+6x+9

② $x^2-2x-15$

③ x^2+x-6

④ $3x^2-5x-12$

⑤ $6x^2+25x+21$

풀이 쓰기

Hint 보기의 식을 인수분해하여 $(x+3)$을 인수로 가졌는지 확인해요.

알아두면 좋아요

① x^2의 계수가 1인 이차식

$$x^2+(a+b)x+ab=(x+a)(x+b)$$

$x \to a$: ax

$x \to b$: bx (+

$(a+b)x$

② x^2의 계수가 1이 아닌 이차식

$$acx^2+(ad+bc)x+bd=(ax+b)(cx+d)$$

$ax \to b$: bcx

$cx \to d$: adx (+

$(ad+bc)x$

038 완전제곱식이 되는 조건

다음 주어진 두 식이 완전제곱식이 되도록 하는 양수 a, b의 값을 구하여라.

♡² △ ☆² — 곱해서 2배 체크

$$x^2-8x+a$$

$$4x^2+bx+49$$

풀·이·쓰·기

① $1x^2-\boxed{8}x+a$

1^2, ☆² 이라하자 (2배)

곱하면 ☆

⇒ 2☆ = 8 이어야 한다!

∴ ☆ = 4

⇒ a = ☆² 이므로

$a=4^2=\boxed{16}$

② $4x^2+bx+49$

2^2, 7^2 (2배)

곱하면 $\boxed{14}$

⇒ $b=14\times2=\boxed{28}$

Tip

- 기억해두면 좋은 완전제곱식
  - $x^2\pm2x+1=(x\pm1)^2$
  - $x^2\pm4x+4=(x\pm2)^2$
  - $x^2\pm6x+9=(x\pm3)^2$
  - $x^2\pm8x+16=(x\pm4)^2$
  - $x^2\pm10x+25=(x\pm5)^2$

답 $a=16$, (2) $b=28$

지연쌤의 SNS

☑ 인수분해를 잘하려면 어떻게 해야 하나요?

인수분해를 잘하는 방법 중 하나는 부호를 잘 보는 것이에요.

$x^2+8x+15$라는 식이 있어요. 먼저 곱해서 15가 되는 숫자들을 나열해 볼까요?

후보: $(1, 15)$, $(-1, -15)$, $(3, 5)$, $(-3, -5)$

이중 더해서 8이 되는 숫자는 $(3, 5)$밖에 없으니 결과는 $(x+3)(x+5)$예요.

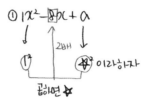

난이도 ★★★☆☆

1

다음 주어진 두 식이 완전제곱식이 되도록 하는 양수 a, b의 값을 구하여라.

$$x^2+14x+a,\ \ 9x^2+bx+25$$

풀이 쓰기

2

$(x+3)(x-5)+A$가 완전제곱식이 되도록 하는 상수 A의 값을 구하여라.

풀이 쓰기

Hint $(x+3)(x-5)$를 먼저 전개해요.

039 다항식의 공통인수 구하기

다음 주어진 세 다항식의 공통인수를 구하여라.

x^2y+3xy
x^2-9
x^2+2x-3

인수분해를 해보면 셋다 가지고있는게 딱 ... 보임!

Tip

- 공통인수를 구하라는 문제는 주어진 식을 인수분해하면 똑같은 부분이 있다는 것이에요. 인수분해하기 쉬운 것부터 먼저 인수분해하면 인수분해하기 어려운 식의 인수를 유추할 수 있죠.

풀·이·쓰·기

① x^2y+3xy ⤵ 공통인수 뽑기

xy 공통!

$\Rightarrow xy(x+3)$

② $x^2-9=x^2-3^2$ ⤵ 합차

$=(x+3)(x-3)$

③ x^2+2x-3

$1x \quad +3 \qquad +3$

$1x \quad -1 \qquad -1$

$\qquad\qquad\quad +2$

$=(x+3)(x-1)$

☆☆ 셋 다 $(x+3)$을 가지고있다!

따라서, 공통인수는 $(x+3)$ ☆

답 $x+3$

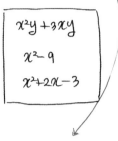

난이도 ★★★☆☆

1

다음 주어진 세 다항식의 공통인수를 구하여라.

풀이 쓰기

$$a^2-4b^2,\ 2a^2+7ab+6b^2,\ a^2+2ab$$

Hint 쉬워 보이는 것부터 인수분해하고, 나머지는 확인용으로 이용해요.

2

다음 중 나머지 넷과 같은 인수를 갖지 않는 것은?

풀이 쓰기

① a^2-4a

② $a^2-8x+16$

③ $ab-4b$

④ a^2+3x+4

⑤ $3a^2-10a-8$

II 다항식의 곱셈과 인수분해

040 인수가 주어진 이차식이 무엇인지 알아내기

$7x^2 + ax + 15$ 와 $3x^2 - 7x + b$가

$x - 3$을 인수로 가질 때,

상수 a, b의 값을 각각 구하여라.

이 식을 인수분해하면

$(x-3)(\boxed{////})$ 라는 얘기!

Tip

• $x^2 + ax + b$가 $(x + ☆)$을 인수로 가졌다.

  ➡ $x^2 + ax + b = (x + ☆)(x + ★)$

  유형 37에서 배운 인수분해 방법을 이용해서 나머지 인수를 찾아 볼까요?

 풀·이·쓰·기

① $7x^2 + ax + 15$

| 1 | -3 |

$\boxed{x-3}$ 이므로 ← 무조건 이렇게 시작!

⇩

$7x^2 + ax + 15$

1	-3	-21
7	-5	-5
		$\boxed{-26}$

⇒ $a = -26$ ☆

② $3x^2 - 7x + b$

| 1 | -3 |

← 역시 시작도 이렇게

⇩

$3x^2 - 7x + b$

1	-3	-9
3	☆	☆ $+2$ 여야 한다.
		$\boxed{-7}$

⇒ $3x^2 - 7x + b$

| 1 | -3 |
| 3 | $+2$ |

곱해서

⇒ 따라서, $b = -6$

답 (1) $a = -26$, (2) $b = -6$

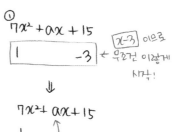

난이도 ★★★★☆

1

x^2-7x+A가 $x-5$를 인수로 가질 때, 상수 A의 값을 구하여라.

풀이 쓰기

Hint x^2의 계수가 1인 이차식이에요.
-5와 어떤 수를 곱하면 A가 되고,
-5와 어떤 수를 더하면 -7이 될까요?

2

$6x^2-5x+B$가 $3x-7$을 인수로 가질 때, 상수 B의 값을 구하여라.

풀이 쓰기

Hint x^2의 계수가 6인 이차식이에요. $(3x-7)$을 인수로 가졌으므로 다른 인수는 $(2x+☆)$이겠죠?

알아두면 좋아요

인수분해를 잘하는 또 다른 방법은 경우의 수를 잘 따지는 것이에요.

예 $6x^2+7x-10$을 인수분해할 때,
곱해서 6이 되는 경우는 $(1, 6)$, $(6, 1)$, $(2, 3)$, $(3, 2)$, $(-1, -6)$, $(-6, -1)$, $(-2, -3)$, $(-3, -2)$가 올 수 있고, 곱해서 -10이 되는 경우는 $(1, -10)$, $(-10, 1)$, $(2, -5)$, $(-5, 2)$, $(-1, 10)$, $(10, -1)$, $(-2, 5)$, $(5, -2)$가 올 수 있어요.
경우의 수가 정말 많죠? 이 경우들을 조합해서 더해서 7이 되는 경우를 찾는 거예요. 정답은 $(x+2)(6x-5)$예요.

041 공통 부분을 ♡로 바꿔서 인수분해해요

$(2x+3)^2-7(2x+3)-30$이 (공통, 공통)

$(2x+a)(2x+b)$로 인수분해

될 때, $a+b$의 값을

구하여라.

Tip

- 공통 부분을 문자로 바꿔 계산할 때 주의해야 할 점은 반드시 계산이 끝나고 바꿨던 공통 부분을 원래대로 바꿔야 한다는 것이에요.

풀·이·쓰·기

$(2x+3)$의 공통부분을 ♡로! (귀찮으니까)

즉, $2x+3=$ ♡라고 하자.

$(2x+3)^2-7(2x+3)-30$

$=$ ♡$^2-7$♡-30 간단!

♡	-10
♡	$+3$
	-7

$=($♡$-10)($♡$+3)$

↓ 다시 ♡ 대신 $2x+3$

$=(2x+3-10)(2x+3+3)$

$=(2x-7)(2x+6)$

$a+b$는 이거 두 개 합친 것

$\Rightarrow a+b=(-7)+6=-1$

답 -1

난이도 ★★★★★

1

$(5x-3)^2+7(5x-3)+6$이 $(5x+a)(5x+b)$로 인수분해 될 때, $a+b$의 값을 구하여라.

풀이 쓰기

2

$3(x+y)(1+x+y)-18$을 인수분해하여라.

풀이 쓰기

Hint $x+y$를 문자로 바꿔서 생각해요.

알아두면 좋아요

이렇게 공통되는 부분을 하나의 기호나 문자로 바꿔서 간단히 하는 것을 '치환'이라고 해요.
선생님은 ♡가 좋아서 주로 ♡로 치환하지만 보통 A나 B같이 문자로 많이 치환하기도 해요.
치환의 핵심은 바로 식을 간단하게 만들어서 계산을 쉽게 하는 것이에요.
여러분도 앞으로 '공통 부분을 바꾼다'라는 표현보다 '치환한다'라고 멋있게 표현해 봐요!

042 항이 여러 개인 다항식의 인수분해

다음을 인수분해 하여라.

(1) $x^4 - x^3 - 5x + 5$

↳ 두 항씩 묶어서

(2) $9x^2 - 4y^2 + 6x + 1$

↳ 완전제곱식을 찾아내

Tip

- 항이 여러 개인 식을 인수분해할 때는 다음과 같이 생각해 보세요.
  ① 두 항씩 공통 부분으로 묶을 수 있는가?
  ② 완전제곱식이 되는 부분이 있는가?

풀·이·쓰·기

(1) $x^4 - x^3 - 5x + 5$

x^3 공통, -5 공통

$x^3(x-1)$ $-5(x-1)$

→ $x^3(x-1) - 5(x-1)$ (공통, 공통)

→ $(x-1)(x^3-5)$

(2) $9x^2 - 4y^2 + 6x + 1$ → 완전제곱식

$= 9x^2 + 6x + 1 - 4y^2$ (먼저: 3^2, 1^2)

$= (3x+1)^2 - 4y^2$

$= (3x+1)^2 - (2y)^2$ ↓ 합차공식

$= (3x+1+2y)(3x+1-2y)$

$= (3x+2y+1)(3x-2y+1)$

예쁘게

답 (1) $(x-1)(x^3-5)$, (2) $(3x+2y+1)(3x-2y+1)$

난이도 ★★★★☆

1

다음을 인수분해하여라.

(1) $2x+x^3-2x^2-4$

(2) x^2-9y^2+2x+1

풀이 쓰기

2

$(x-1)(x-3)(x+2)(x+4)+24$를 인수분해하여라.

풀이 쓰기

Hint 이 문제는 선생님이 조금 욕심을 내서 어려워요! $(x-1)(x+2)$와 $(x-3)(x+4)$를 먼저 계산하면 치환할 수 있는 부분이 보일 거예요.

알아두면 좋아요

$(\quad)(\quad)(\quad)(\quad)+k$ 형태의 식은 어떻게 인수분해를 해야 할까요?
먼저 공통 부분이 생길 수 있도록 2개씩 묶어서 전개를 해요. 그다음 공통 부분을 치환하여 인수분해를 해요. 마지막으로 치환했던 공통 부분을 원래대로 바꿔서 식을 정리해요.
이렇게 복잡한 형태의 식도 치환을 이용하면 쉽게 인수분해를 할 수 있어요.

예 $(x+1)(x+3)(x-2)(x-4)+25=(x^2-x-2)(x^2-x-12)+25$

상수항의 합이 -1　　　A로 치환

$=(A-2)(A-12)+25=A^2-14A+49$ (완전제곱식!)

$=(A-7)^2 \rightarrow (x^2-x-7)2$

043 도형에서 인수분해 활용하기

다음 두 도형의 넓이가 같을 때,

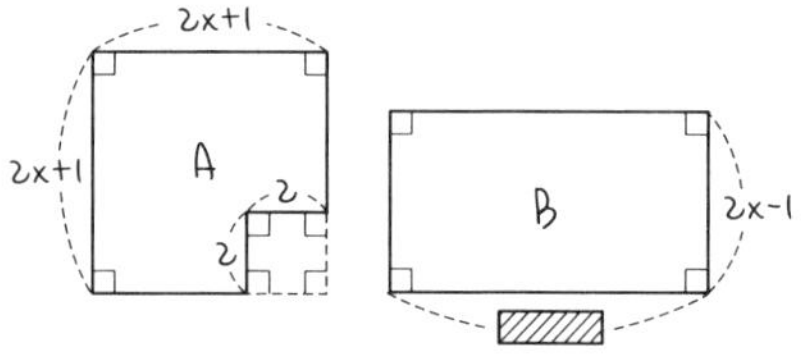

도형 B의 가로의 길이를 구하여라.

Tip

- 도형을 활용하기 위해서는 도형에 대한 공식들을 한번 점검해야겠죠?
  - ① (직사각형의 넓이)=(가로)×(세로)
  - ② (삼각형의 넓이)=$\frac{1}{2}$×(밑변)×(높이)
  - ③ (사다리꼴의 넓이)
=$\frac{1}{2}$×{(윗변)+(아랫변)}×(높이)
  - ④ (마름모의 넓이)
=$\frac{1}{2}$×(한 대각선)×(다른 대각선)
  - ⑤ (원의 넓이)=π×(반지름)^2
  - ⑥ (직육면체의 부피)
=(가로)×(세로)×(높이)

풀·이·쓰·기

① A의 넓이

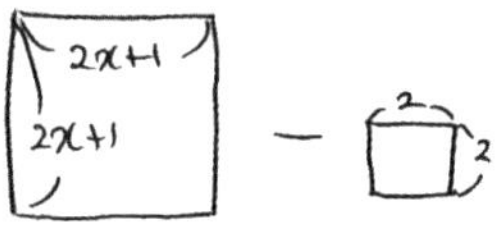

$=(2x+1)^2-2^2$ ← 약) 합차공식

$=(2x+1+2)(2x+1-2)$

$=(2x+3)(2x-1)$

② B의 넓이

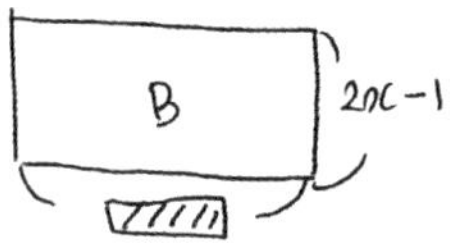

=(▨)$(2x-1)$

같으니까

따라서, 가로의 길이

▨ $=2x+3$

답 $2x+3$

난이도 ★★★★☆

1

다음 두 도형의 넓이가 같을 때, 도형 B의 가로의 길이를 구하여라.

풀이 쓰기

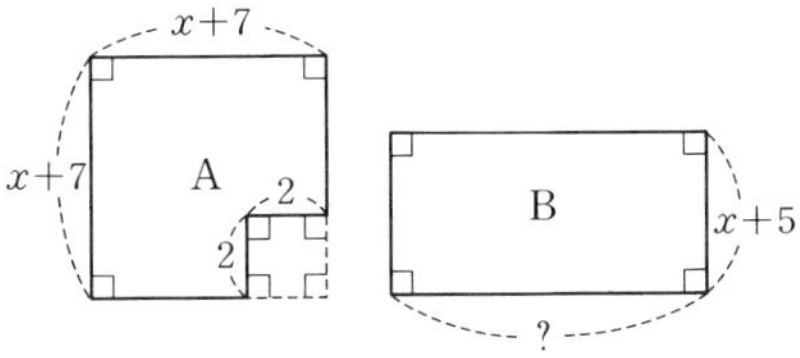

2

다음 그림과 같은 사다리꼴의 넓이가 $x^2+10x+21$일 때, 이 사다리꼴의 높이를 구하여라.

풀이 쓰기

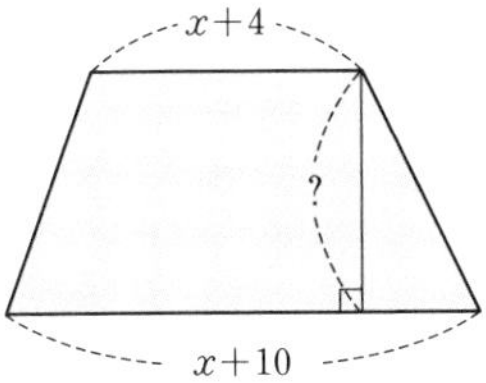

수학 읽기

도형을 이용해서 인수분해 공식을 설명할 수 있어요!

도형들의 넓이: x^2+3x+2

도형의 넓이: $(x+2)(x+1)$

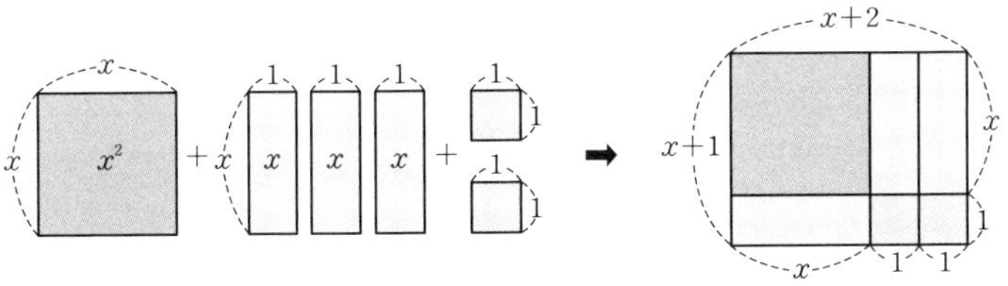

두 도형의 넓이는 같지만 서로 다르게 식을 표현할 수 있죠?
즉, $x^2+3x+2=(x+2)(x+1)$라고 볼 수 있어요.

쌤의 수학 읽을거리

인수분해의 기본! 공통인수를 찾아라!

다항식에서 두 개 이상의 항에 있는 공통인수를 그 항들의 공통인수라고 해요. 즉, 공통인수는 그것을 공통으로 갖는 항들의 공약수죠. 그렇다면 다항식에서 공통인수를 어떻게 찾을까요?

일단 공약수를 먼저 떠올려 볼까요? 6과 9의 공약수는 이렇게 구해요

> 6의 약수는 1, 2, 3, 6
>
> 9의 약수는 1, 3, 9
>
> 두 수가 공통으로 가지는 약수는? ➡ 1과 3
>
> 따라서 6과 9의 공약수는 1, 3.

일반적인 다항식도 마찬가지예요. 예를 들어 단항식 $3xy$와 x^2이 있다면

> $3xy$의 인수는 $1, 3, x, y, 3x, 3y, xy, 3xy$
>
> x^2의 인수는 $1, x, x^2$
>
> 두 수가 공통으로 가지는 인수는? ➡ 1과 x
>
> 따라서 $3xy$와 x^2의 공통인수는 $1, x$입니다.

앗! 그런데 이런 의문이 떠오르지 않나요?

'만약 x가 4처럼 2와 2로 나누어지면 $\frac{x}{2}$도 포함되어야 하지 않나요? x가 뭔지 모르니까요.'

만약 이렇게 질문했다면 정말 중요한 핵심을 알고 있는 거예요.

그래서 공통 약수라고 하지 않고 '공통인수'라는 다른 표현을 쓰는 것이랍니다. 다항식에선 문자를 쓰기 때문에 그 문자가 약수인지 아닌지 알 수 없거든요.

Ⅲ. 이차방정식

#이차방정식 #이차방정식의 해

#근의 공식 #근의 개수

#이차방정식의 활용

044 이차방정식의 해가 주어지면 무조건 대입해요

이차방정식

$2x^2-5ax+a-4=0$의

한 근이 3이고, (x에 대입)

$x^2+3bx+5b=0$의

한 근이 -2일 때, (x에 대입)

ab의 값을 구하여라.

풀·이·쓰·기

① $2x^2-5ax+a-4=0$ (x에 3 대입!)

→ $18-15a+a-4=0$

$-14a+14=0$

$-14a=-14$

$\therefore a=1$

② $x^2+3bx+5b=0$ (x에 -2 대입!)

→ $4-6b+5b=0$

$4-b=0$

$-b=-4$

$\therefore b=4$

③ $ab=1\times4=4$

Tip

- 해가 주어지는 문제는 일차방정식, 이차방정식, 삼차방정식 등 어떤 방정식에 상관하지 않고 주어진 **해를 방정식에 대입**하는 것이 문제를 풀이하는 첫 번째 방법이에요.

답 4

난이도 ★★★☆☆

1

이차방정식 $x^2+4ax+a-2=0$의 한 근이 -1이고, $3x^2-bx+2b=0$의 한 근이 1일 때, ab의 값을 구하여라.

풀이 쓰기

2

이차방정식 $ax^2+5x-a+2=0$의 한 근이 2일 때, 이 이차방정식의 다른 한 근을 구하여라.

풀이 쓰기

Hint 먼저 $x=2$를 대입하여 a값을 구한 후, 다시 해를 구해요.

알아두면 좋아요

방정식을 참이 되게 하는 미지수의 값을 우리는 방정식의 해 또는 근이라고 배웠어요. 지금까지 우리가 배운 방정식들의 해는 1개였죠? 그런데 이차방정식의 해는 2개가 될 수 있어요. 그리고 이차방정식의 해는 유리수뿐만 아니라 무리수가 될 수도 있답니다.

045 인수분해를 이용한 이차방정식의 풀이

이차방정식의 해를 구하여라.

(1) $2x^2-6x=0$

(2) $x^2+10x+25=0$

(3) $6x^2+7x+2=0$

Tip

- 이차방정식의 가장 일반적인 형태는 모든 항을 좌변으로 이항해서 (이차식)$=0$의 꼴입니다.
- 이차방정식은 보통 해가 2개인데, 해가 1개인 경우도 있어요. 이때, 해는 '중근'이라고도 불려요. 그리고 해가 없는 경우도 있답니다.

풀·이·쓰·기

(1) $2x^2-6x=0$

$2x$ 공통

→ $2x(x-3)=0$

0 또는 0 이어야 함

→ 해 $x=0$ 또는 $x=3$

(2) $1x^2+10x+25=0$

1^2, 2배, 5^2 ← 완전제곱식!

→ $(x+5)^2=0$

→ 0 이어야 하므로

→ 해 $x=-5$

(3) $6x^2+7x+2=0$

2	+1	+3
3	+2	+4
		+7

→ $(2x+1)(3x+2)=0$

0 또는 0

해 $2x+1=0$ 이면 $x=-\frac{1}{2}$ 또는

$3x+2=0$ 이면 $x=-\frac{2}{3}$

답 (1) $x=0$ 또는 $x=3$, (2) $x=-5$, (3) $x=-\frac{1}{2}$ 또는 $x=-\frac{2}{3}$

난이도 ★★☆☆☆

1

다음 이차방정식의 해를 구하여라.

풀이 쓰기

(1) $x^2-6x+9=0$

(2) $3x^2+x-10=0$

III

이차방정식

2

이차방정식 $(x-1)(x+4)+2=-2(x+3)$의 두 근 사이에 있는 정수의 개수를 구하여라.

풀이 쓰기

Hint 주어진 식을 전개한 뒤, 모두 좌변으로 이항해서 (이차식)$=0$의 꼴로 만들어요.

알아두면 좋아요

이차방정식의 해는 기본적으로 $AB=0$의 성질을 이용해서 풀이해요.
$AB=0$이라는 식에서 A와 B의 값은 무엇이 될 수 있을까요? 둘 다 0이 될 수도 있지만 사실 A와 B 둘 중에 하나만 0이 되어도 $AB=0$이 성립해요.
그래서 만약 $(x-2)(x+1)=0$이라는 결과가 나왔다면, $x-2=0$**이거나** $x+1=0$이 되는 것이죠. 따라서 답은 $x=2$ **또는** $x=-1$이 된답니다.

046 이차방정식의 근(해)을 활용하기

$x^2+3x-10=0$ 의 두 근 중
인수분해
양수인 근이 $ax^2-5x-2=0$ 의
대입
한 근일때, 상수 a의 값을
구하여라.

근이 2개 나오는데
그 중 하나가 양수일꺼니

Tip

- 미지수를 포함한 이차방정식의 한 근이 주어지면 이차방정식에 대입하여 미지수의 값을 구할 수 있어요.

풀·이·쓰·기

① $x^2+3x-10=0$ 의 근을
구해보자!

$x^2+3x-10=0$

$x \quad +5$

$x \quad -2$

$+3$

→ $(x+5)(x-2)=0$

0 또는 0

→ 근 $x=-5$ 또는 $x=2$

양수인 근!

② $ax^2-5x-2=0$ 의 근이
$x=2$ 라는 얘기이므로 대입

→ $4a-10-2=0$

$4a-12=0$

$4a=12$

$a=3$ 정답

답 3

난이도 ★★★☆☆

1

$x^2-5x-6=0$의 두 근 중 음수인 근이 $ax^2-2x+3=0$의 한 근일 때, 상수 a의 값을 구하여라.

풀이 쓰기

III

이차방정식

2

$x^2-x-3=0$의 해가 $x=a$일 때, a^2-a+7의 값을 구하여라.

풀이 쓰기

Hint 일단 x에 a를 대입하면 $a^2-a-3=0$이에요. 여기서 식을 살짝 변경하면 $a^2-a=3$이 되겠죠?

알아두면 좋아요

다음 식들이 이차방정식인지 구별해 볼까요?

① $3x^2-x$ ➡ 이차식이지만 등호가 없어요! (×)

② $x(x^2-2)=x^2(x-1)$

➡ 식을 정리하면 x^3항은 사라지고 $x^2-2x=0$이라는 이차방정식이 돼요. (○)

③ $2x^2-1=(x+2)(2x-5)$

➡ 식을 정리하면 x^2항이 사라지고 $x+9=0$이라는 일차방정식이 돼요. (×)

④ $2a^2+4a-10=0$ ➡ x에 대한 식이 아니어서 이차방정식이 아닐까요?

아니에요! 이 식은 a에 대한 이차방정식이 맞아요. (○)

047 이차방정식의 해가 1개라고? 이건 중근이야

다음 세 이차방정식이 중근을 가질 때, 상수 a, b, c의 값을 각각 구하여라.

$$x^2-12x+a=0$$
$$x^2+10x+3b-2=0$$
$$2x^2+cx+2=0$$

Tip

- 중근이란 이차방정식의 해가 하나일 때의 해를 말해요. '해'를 '근'이라고도 하죠? 사실 근은 2개가 맞지만 1개가 나올 경우 두 개의 근이 중복되었다고 해서 '중근'이라고 불러요.

풀·이·쓰·기

① $x^2-12x+a=0$

절반: 6 → 제곱

→ $a=6^2$ 이므로 $a=36$

② $x^2+10x+3b-2=0$

절반: 5 → 제곱

→ $3b-2=5^2$ 이므로

$3b-2=25$

$3b=27$

$\therefore b=9$

③ $2x^2+cx+2=0$

↖ x^2의 계수로 묶는다.

$2\left(x^2+\frac{c}{2}x+1\right)=0$

↖ 얘네 완전제곱식이 되어야

절반: $\frac{c}{4}$ → 제곱

→ $\left(\frac{c}{4}\right)^2=1$ 이므로 $\frac{c^2}{16}=1$

$c^2=16$

따라서, $c=4$ 또는 -4

답 $a=36$, $b=9$, $c=4$ 또는 $c=-4$

난이도 ★★★☆☆

1

다음 세 이차방정식이 중근을 가질 때, 상수 a, b, c의 값을 각각 구하여라. (단, c는 음수)

풀이 쓰기

$$x^2-10x+a=0,$$
$$x^2+6x+2b=1,$$
$$3x^2+cx+5=2$$

2

이차방정식 $x^2+10x+A=0$의 중근이 B일 때, $A+B$의 값을 구하여라.

풀이 쓰기

Hint A를 먼저 구하면 식이 완성되니까 근을 구할 수 있어요.

알아두면 좋아요

이차방정식 $ax^2+bx+c=0$의 좌변을 인수분해 했을 때 $a(x-m)^2=0$의 꼴이면, 이 이차방정식은 m을 중근으로 가진다고 볼 수 있어요.
즉, 이차방정식을 인수분해 했을 때 (상수항)(완전제곱식)$=0$의 꼴이면 그 이차방정식은 중근을 가진다고 생각하면 됩니다.

048 제곱근을 이용한 이차방정식 풀이

이차방정식

$4(x-3)^2-20=0$ 의

두 근의 합을 구하여라.

풀·이·쓰·기

① $4(x-3)^2-20=0$ 이항

$4(x-3)^2=20$ 양변 4로 나눔

$(x-3)^2=5$

→ $x-3=\pm\sqrt{5}$ 라는 것!

(−3) 이항

우리는 x를 구해야 하니까

→ $x=3\pm\sqrt{5}$ 근 2개임

② 두 근을 합쳐보자

$x=3+\sqrt{5}$ 또는 $x=3-\sqrt{5}$

→ $(3+\sqrt{5})+(3-\sqrt{5})$

$=3+\sqrt{5}+3-\sqrt{5}$

$=\boxed{6}$

답 6

Tip

- 지금까지 우리는 인수분해를 이용해서 이차방정식을 풀었어요. 이번에는 제곱근을 이용해서 이차방정식의 해를 구해 볼까요?

난이도 ★★★☆☆

1

이차방정식 $3(x-2)^2-24=0$의 두 근의 차를 구하여라.

풀이 쓰기

Hint (두 수의 차)=(큰 수)−(작은 수)

2

이차방정식 $5(x-a)^2-10=0$의 해가 $7\pm\sqrt{b}$일 때, 유리수 a, b에 대하여 $a+b$의 값을 구하여라.

풀이 쓰기

Hint 이 문제는 해를 잘 구해서 비교만 하면 돼요.

알아두면 좋아요

제곱근을 이용한 이차방정식의 풀이 방법을 알아 보아요. (단, $q>0$, $aq>0$)

① $x^2=q$ ➡ $x=\pm\sqrt{q}$

② $ax^2=q$ ➡ $x=\pm\sqrt{\frac{q}{a}}$

③ $(x+p)^2=q$ ➡ $x=-p\pm\sqrt{q}$

④ $a(x+p)^2=q$ ➡ $x=-p\pm\sqrt{\frac{q}{a}}$

049 완전제곱식을 이용한 이차방정식 풀이

이차방정식 $x^2-10x+5=0$ 의 해를 완전제곱식을 이용하여 구하여라.

딱봐도 인수분해 잘 안될것 같이 생김. 이럴때는 완전제곱식 이용하기 ♡

풀·이·쓰·기

$x^2-10x+5=0$ (이항)

→ $x^2-10x=-5$

얘를 완전제곱식으로 바꿔보자

→ $x^2-10x+\square=-5+\square$

절반 → 5 → 제곱하면 25

→ $x^2-10x+25=-5+25$

→ $(x-5)^2=20$

→ $x-5=\pm\sqrt{20}$ (이항)

따라서, $x=5\pm\sqrt{20}$ ($2\sqrt{5}$니까)

$x=5\pm2\sqrt{5}$

답 $x=5\pm2\sqrt{5}$

지연쌤의 SNS

☑ 아무리 인수분해를 해보려고 해도 안 되면 어떻게 해야 하나요?

여러분이 (이차식)$=0$의 형태로 된 이차방정식을 풀이할 때, 아무리 인수분해를 하려 해도 인수분해가 딱 떨어지지 않을 때가 있어요. 이럴 때는 꼭 우변이 0이 아니어도 괜찮으니까 적절한 숫자를 더하거나 빼서 완전제곱식을 만들어 보세요.

예 $x^2+4x+2=0$의 해를 구할 때, 인수분해가 딱 떨어지지 않죠? 양변에 2를 더해 볼까요? 그럼 $x^2+4x+4=2$가 되므로 $(x+2)^2=2$가 나와요. 이제 해를 구할 수 있겠죠? $x+2=\pm\sqrt{2}$이므로 해는 $-2\pm\sqrt{2}$가 된답니다.

난이도 ★★★★☆

1

이차방정식 $x^2-6x+7=0$의 해를 완전제곱식을 이용하여 구하여라.

풀이 쓰기

2

이차방정식 $2x^2-20x+12=0$을 $(x+p)^2=q$의 꼴로 나타낼 때, 다음 물음에 답하여라.

풀이 쓰기

(1) p, q의 값을 각각 구하여라.

(2) 위 이차방정식의 해를 구하여라.

Hint 양변을 2로 나누고 시작해요.

050 드디어! 평생 기억해야할 근의 공식!

이차방정식 $x(x+5)=2$의 해를 근의 공식을 이용하여 구하여라.

풀·이·쓰·기

$x(x+5)=2$

↳ $ax^2+bx+c=0$ 꼴로

→ $x^2+5x=2$

→ $x^2+5x-2=0$

→ $1x^2+5x-2=0$ (a, b, c)

$\begin{pmatrix} a=1 \\ b=5 \\ c=-2 \end{pmatrix}$ ↙ 대입

☆근의 공식

$$x=\frac{-b\pm\sqrt{b^2-4ac}}{2a}$$

$$=\frac{-5\pm\sqrt{5^2-4\times1\times(-2)}}{2\times1}$$

$$=\frac{-5\pm\sqrt{25+8}}{2}$$

$$=\boxed{\frac{-5\pm\sqrt{33}}{2}}$$ ☆

Tip

- 근의 공식
  이차방정식 $ax^2+bx+c=0$의 근은

  $$x=\frac{-b\pm\sqrt{b^2-4ac}}{2a} \text{(단, } b^2-4ac>0\text{)}$$

- 근의 공식(짝수 공식)
  이차방정식의 $ax^2+2b'x+c=0$의 근은
  (다시 말해서 일차항의 계수가 짝수일 때)

  $$x=\frac{-b'\pm\sqrt{b'^2-ac}}{a}$$

- 사실 x 일차항의 계수가 짝수일 때, 두 공식을 모두 사용해도 상관없어요. 하지만 짝수 공식이 조금 더 간단해서 짝수 공식을 사용하는 것이 더 편하답니다.

답 $\frac{-5\pm\sqrt{33}}{2}$

난이도 ★★★★☆

1

다음 이차방정식의 해를 근의 공식을 이용하여 구하여라.

풀이 쓰기

(1) $x(x-7)=3$

(2) $x^2+4x-9=0$

2

이차방정식 $ax^2+7x+1=0$의 해가 $x=\frac{-7\pm\sqrt{b}}{4}$일 때, 유리수 a, b에 대하여 $a+b$의 값을 구하여라.

풀이 쓰기

Hint $ax^2+7x+1=0$의 식을 그대로 근의 공식에 적용해서 주어진 해와 비교해 보세요.

051 이차방정식의 근의 개수

다음 이차방정식 중 서로 다른 두 근을 갖는것을 고르면? (어쨌든 근이 2개 라는것!)

㉠ $x^2-3x+5=0$

㉡ $x^2-4x=3$

㉢ $x(2x-1)=1$

㉣ $\frac{1}{2}x^2-2x+2=0$

Tip

- 근의 공식에서 근호 안의 값에 따라 근의 개수가 정해진다는 것을 알고 있나요? b^2-4ac, 이 식을 바로 판별식이라고 해요.

① $b^2-4ac>0$ → 근이 2개
서로 다른 두 근
② $b^2-4ac=0$ → 근이 1개
중근
③ $b^2-4ac<0$ → 근이 0개
근이 없음

풀·이·쓰·기

㉠ $1x^2-3x+5=0$ (a, b, c)

$\Rightarrow b^2-4ac=(-3)^2-4\times1\times5$ (+9, −20)

$=9-20=-11<0$ 이므로 → 근이 0개

㉡ $x^2-4x=3$

$1x^2-4x-3=0$ (a, b, c)

$\Rightarrow b^2-4ac=(-4)^2-4\times1\times(-3)$

$=16+12=28>0$ 이므로 → 근이 2개!

㉢ $x(2x-1)=1$

$2x^2-x=1$

$2x^2-1x-1=0$ (a, b, c)

$b^2-4ac=(-1)^2-4\times2\times(-1)$

$=+1+8=+9>0$ 근이 2개!

㉣ $\frac{1}{2}x^2-2x+2=0$ (a, b, c)

$b^2-4ac=(-2)^2-4\times\frac{1}{2}\times2$

$=+4-4=0$ 근이 1개! (중근)

답 ㉡, ㉢

난이도 ★★★☆☆

1

다음 이차방정식의 근의 개수를 구하여라.

풀이 쓰기

(1) $2x^2-3x+5=0$

(2) $x(x+2)=-1$

(2) $x^2+5x-2=0$

2

다음 이차방정식 중에서 근을 갖지 않는 것을 고르면?

풀이 쓰기

㉠ $x^2-4x+7=0$
㉡ $x^2+2x=3$
㉢ $x(3x-1)+2=0$
㉣ $\frac{3}{2}x^2-3x+1=0$

Hint $b^2-4ac<0$인 이차방정식을 찾아 보세요.

Ⅲ

이차방정식

052 근의 개수에 따른 미지수의 값 구하기

이차방정식

$x^2-6x+k-3=0$ 이

해를 갖도록 하는 자연수 k의

개수를 구하여라.

해가 몇개라고 안나오고

그냥 "해를 갖는다" 고 했지.

그러면 해가 2개 or 해가 1개

둘다 가능!

풀·이·쓰·기

이차방정식 $ax^2+bx+c=0$ 이

해를 갖는 경우는

$b^2-4ac>0$ 이거나 (해 2개)

$b^2-4ac=0$ 일때! (해 1개)

합쳐보면 $b^2-4ac\geq 0$ 이면

해를 갖는다

$1x^2-6x+k-3=0$ 에서 ($a=1$, $b=-6$, $c=k-3$)

$$b^2-4ac=(-6)^2-4\times1\times(k-3)$$
$$=36-4(k-3)$$
$$=36-4k+12$$
$$=48-4k$$

→ $48-4k\geq 0$ 이어야 한다.

→ $-4k\geq -48$

$$\frac{-4k}{-4}\leq\frac{-48}{-4}$$

$\therefore k\leq 12$

12 이하의 자연수!

따라서, 자연수 k는 12개 ♡

Tip

- 이차방정식 문제에서 '해를 갖도록'이라는 표현이 있으면 해의 개수가 1개이든 2개이든 상관이 없다는 말이에요. 즉, 판별식의 값이 0보다 크거나 같으면 된다는 뜻이죠.

답 12개

난이도 ★★★★☆

1

이차방정식 $x^2+4x+k-1=0$이 해를 갖도록 하는 자연수 k의 개수를 구하여라.

풀이 쓰기

2

이차방정식 $2mx^2+5x+1=0$이 중근을 갖도록 하는 m값을 구하여라.

풀이 쓰기

Hint $b^2-4ac=0$이 되어야 중근을 가져요.

알아두면 좋아요

근의 공식은 이차방정식의 근을 구하는 공식이기도 하지만 근의 개수를 구하는 판별식의 역할도 하고 있어요. 그리고 판별식에는 x^2의 계수, x의 계수, 상수항 모두가 들어 있어서 이차방정식의 계수를 묻는 문제도 풀이할 수 있죠. 그러니 근의 공식은 꼭 외워야 하는 중요한 공식이에요.

053 조건을 만족하는 이차방정식 구하기

다음 조건을 만족하는 이차방정식을 구하여라.

(1) 두 근이 -3과 2이고, x^2의 계수가 -5인 이차방정식

(2) x^2의 계수가 3이고, $x=-1$을 중근으로 갖는 이차방정식

Tip

• 주어지는 조건에 따라 이차방정식을 만들어 볼까요?

> ① x^2의 계수가 a이고, 두 근 b, c를 가진다.
> → $a(x-b)(x-c)=0$
> ② x^2의 계수가 a이고, 중근 b를 가진다.
> → $a(x-b)^2=0$

풀·이·쓰·기

(1) 두 근이 -3과 2이라면?

$(x+3)$　$(x-2)$

$\Rightarrow -5(x+3)(x-2)=0$

x^2의 계수가 (-5)이므로

정리!

$-5(x+3)(x-2)=0$ 전개

$-5(x^2-2x+3x-6)=0$

$-5(x^2+x-6)=0$

$-5x^2-5x+30=0$

(2) $x=-1$을 중근으로?

$(x+1)^2$ 이었다는!

$\Rightarrow 3(x+1)^2=0$

x^2의 계수가 3이므로

정리!

$3(x+1)^2=0$

$3(x^2+2x+1)=0$

$3x^2+6x+3=0$

답 (1) $-5x^2-5x+30=0$, (2) $3x^2+6x+3=0$

1

다음 조건을 만족하는 이차방정식을 구하여라.

풀이 쓰기

(1) 두 근이 -1, 5이고, x^2의 계수가 3인 이차방정식

(2) x^2의 계수가 $\frac{1}{2}$이고, $x=4$를 중근으로 갖는 이차방정식

2

$x^2+3x-4=0$의 두 근을 a, $b(a<b)$라고 할 때, $\frac{a}{2}$, $-3b$를 두 근으로 하고, x^2의 계수가 3인 이차방정식을 구하여라.

풀이 쓰기

Hint 우선 방정식 $x^2+3x-4=0$의 해를 구하면 a와 b의 값을 각각 알 수 있어요.

054 이차방정식의 활용 (수에 관한 문제)

연속하는 세 자연수가 있다.
↳ $x-1, x, x+1$

가장 큰 수의 제곱이
↳ $(x+1)^2$

나머지 두 수의 제곱의 합보다
↳ $(x-1)^2+x^2$

21만큼 작을 때, 이 세 자연수를 구하여라.

풀·이·쓰·기

연속하는 세 자연수를 $(x-1)$, x, $(x+1)$ 이라 하자.

↳ 이제 제일 중요!

[가장 큰 수의 제곱] = [나머지 두 수의 제곱의 합] -21

↑ 21만큼 작다.

(식) $(x+1)^2=(x-1)^2+x^2-21$

→ $x^2+2x+1 = x^2-2x+1+x^2-21$

→ $x^2+2x+1=2x^2-2x-20$ (이항)

→ $x^2+2x+1-2x^2+2x+20=0$

→ $-x^2+4x+21=0$ ⌉ x^2 계수를 1로 만들기 위해 양변에 (−1)을 곱하기

→ $x^2-4x-21=0$

-7
$+3$
(-4)

→ $(x-7)(x+3)=0$

→ $x=7$ 또는 ~~$x=-3$~~ → 탈락! 자연수가 아니니까

따라서, $x=7$ 이므로

세 자연수는 6, 7, 8 이다!

(!) Tip

- 이차방정식의 활용 문제에서 가장 중요한 것은 문제를 읽고 문제에서 구하고자 하는 것을 미지수 로 설정하는 것이에요. 꼭 문제를 다 풀고 문제에서 원하는 값과 내가 구한 값이 같은지 확인해야 해요.

답 6, 7, 8

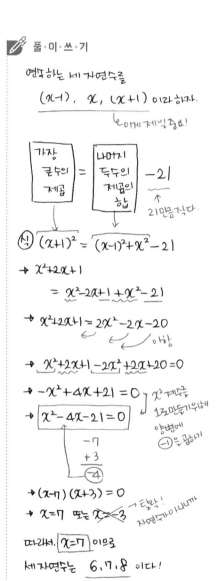

난이도 ★★★★☆

1

연속하는 세 자연수가 있다. 가운데 수의 제곱이, 나머지 두 수의 합의 5배보다 11만큼 클 때, 세 자연수를 구하여라.

풀이 쓰기

Hint 연속하는 세 자연수 ➡ $(x-1)$, x, $(x+1)$
$(가운데 수)^2=5\times(나머지 두 수의 합)+11$

2

차가 6인 두 자연수의 곱이 27일 때, 두 자연수 중 큰 수를 구하여라.

풀이 쓰기

Hint 차가 6인 두 자연수 ➡ x, $(x-6)$
(두 자연수의 곱)$=27$

알아두면 좋아요

수에 관한 문제는 다음과 같이 미지수를 정하여 이차방정식을 세우는 것이 좋아요.

① 연속하는 두 정수 ➡ x, $x+1$ 또는 $x-1$, x
② 연속하는 세 정수 ➡ x, $x+1$, $x+2$ 또는 $x-2$, $x-1$, x 또는 $x-1$, x, $x+1$
③ 연속하는 두 짝수 ➡ x, $x+2$
④ 연속하는 두 홀수 ➡ x, $x+2$

055 이차방정식의 활용 (쏘아 올린 문제)

지면에서 초속 20m 위로 쏘아올린 물체의 t초 후의 높이는 $(-5t^2+20t)$m라고 한다. (← 이 식만 중요해요!)
다음 물음에 답하여라.

(1) 이 물체는 쏘아올린지 몇 초 후에 지면으로 떨어질까? (← 높이가 0이라는 거)

(2) 이 물체의 높이가 15m가 되는 것은 쏘아올린지 몇초 후인가?

! Tip

- 거리 · 속력 · 시간의 관계를 정리해 볼까요?
  ① 거리 = 속력 × 시간
  ② 속력 = $\frac{거리}{시간}$
  ③ 시간 = $\frac{거리}{속력}$

거	
속	시

풀·이·쓰·기

(1) 지면으로 떨어진다는 건 높이가 "0"이라는 것이므로

$$-5t^2+20t=0$$

(공통인수 $-5t$로 묶자)

$$-5t(t-4)=0$$

0 이거나 0

즉 $t=0$ 이거나 $t=4$ 일때!

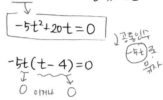

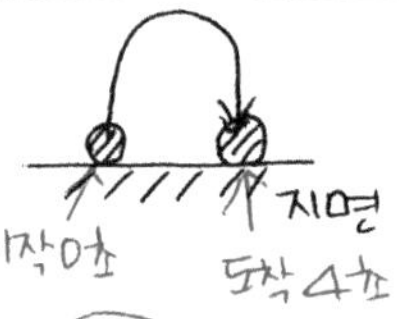

따라서, 4초 후 지면에 떨어짐

(2) 높이가 15이다

$$\Rightarrow -5t^2+20t=15$$

$$-5t^2+20t-15=0$$

(양변을 −5로 나누면)

$$t^2-4t+3=0$$

−3, −1 → −4

$$\Rightarrow (t-3)(t-1)=0$$

$t=3$ or $t=1$

따라서, 1초 후, 3초 후의 높이가 15m

답 (1) 4초, (2) 1초, 3초

난이도 ★★★★☆

1

지면에서 초속 80 m 위로 쏘아 올린 물체의 t초 후의 높이는 $(-5t^2+80t)$ m라고 한다.

다음 물음에 답하여라.

풀이 쓰기

(1) 이 물체를 쏘아 올리고 몇 초 후에 지면으로 떨어지는지 구하여라.

Hint (주어진 식)$=0$

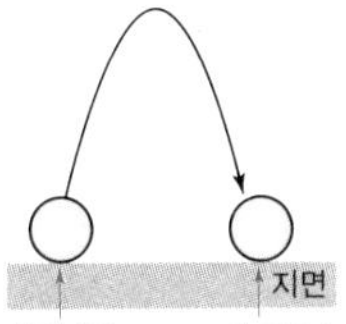

(2) 이 물체의 높이가 300 m가 되는 것은 쏘아 올린 지 몇 초 후인지 구하여라.

Hint (주어진 식)$=300$

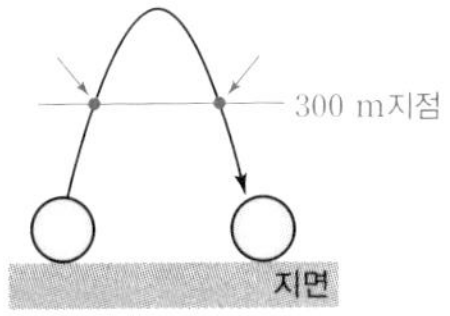

알아두면 좋아요

물건을 쏘아 올리는 문제를 너무 어려워하지 마세요. 사실 식이 다 나와 있는 아주 쉬운 문제랍니다. 기본적으로 물체를 쏘아 올리면 그림과 같은 모양이 나와요. 분명히 지면에 다시 떨어진다는 것이죠.

① 시간은 무조건 0보다 커요. -1초? -4초? 말이 안 되죠?
② 최고지점 외에는 어떤 높이에 대해서든 두 지점이 생겨요.
③ 물체가 지면에 떨어질 때의 높이는 0이에요. 즉 (주어진 식)$=0$ 이라고 놓고 풀 수 있죠.

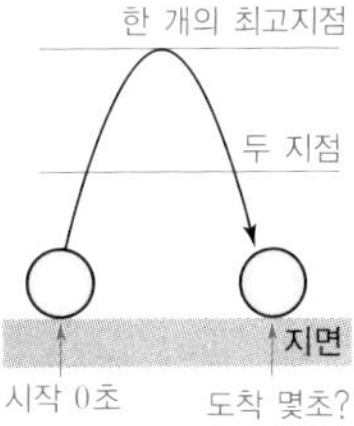

056 이차방정식의 활용 (도로를 만드는 문제)

다음 그림과 같이 가로, 세로의 길이가 18m, 10m인 직사각형 모양의 땅에 폭이 일정한 길을 만들었다. 길을 제외한 땅의 넓이가 105 m^2 일때, 길의 폭은 몇 m인가?

ㄴ xm 라 하자

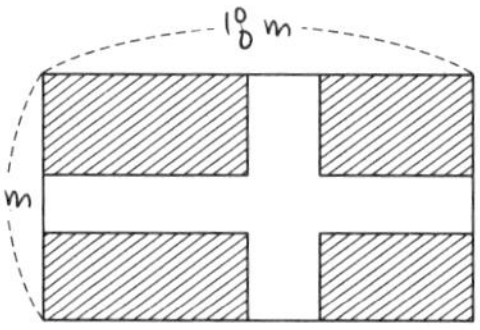

Tip

- 도로 만들기 문제의 핵심은 도로의 폭이 일정하다는 것이에요. 정해진 땅 안에서 도로의 폭과 길이는 항상 일정하므로 도로를 땅의 구석으로 이동시켜도 된답니다.

풀·이·쓰·기

길의 폭을 xm 라고 하면

주어진 그림에서 색칠한 부분은

요렇게! 바꿀수 있다.

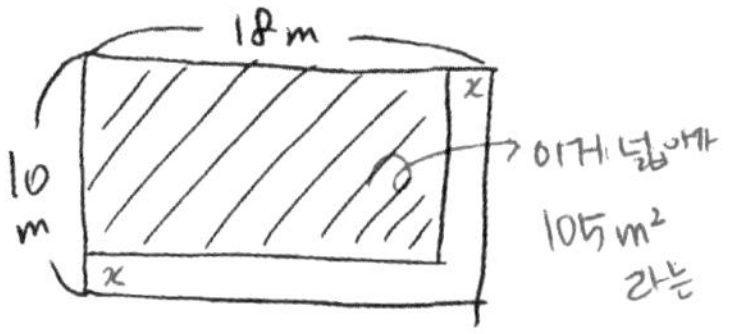

⇒

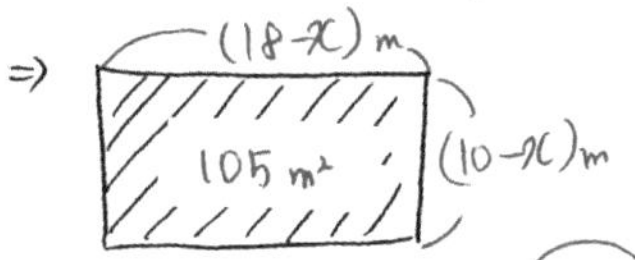

⇒ $(18-x)(10-x)=105$ 식 완성

↓ 정리

$180-28x+x^2=105$

$x^2-28x+180-105=0$

$x^2-28x+75=0$

-25
-3
-28

$(x-25)(x-3)=0$

→ ~~$x=25$~~ 또는 $x=3$ 이다.

탈락! 한변이 10m인데 어떻게 25m 짜리 길을 만들어..??

따라서, 길의 폭은 3m 이다.

답 3 m

난이도 ★★★★☆

1

다음 그림과 같이 가로, 세로의 길이가 20 m, 15 m인 직사각형 모양의 땅에 폭이 일정한 길을 만들었다. 길을 제외한 땅의 넓이가 150 m^2일 때, 길의 폭은 몇 m인지 구하여라.

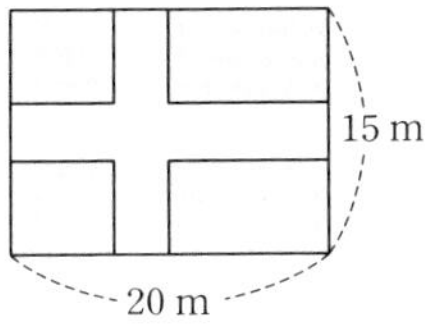

풀이 쓰기

Hint (길의 폭)$=x$라고 하고, 식을 세워요. x값이 두 개가 나오더라도 주어진 조건에 알맞은 하나를 골라낼 수 있어요.

알아두면 좋아요

다음과 같이 직사각형 모양의 구역에서 색칠한 부분의 넓이가 모두 같음을 이용하여 넓이에 대한 이차방정식을 세울 수 있어요.

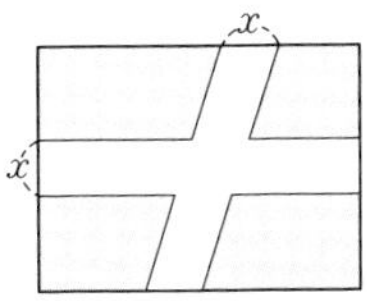

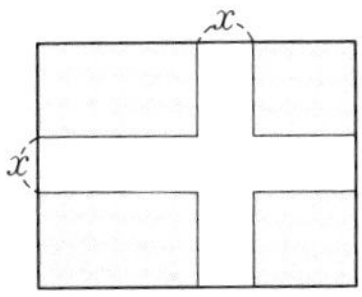

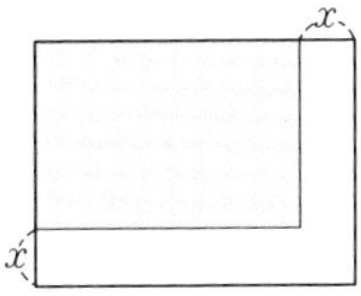

III 이차방정식

쌤의 수학 읽을거리

n차 방정식

중학교 1학년, 처음으로 방정식을 만났을 때를 기억하나요?

1학년이라서 일차방정식을 배웠죠? 그럼 2학년에는 이차방정식을 배웠어야 하는데 아직 더 배울 게 남아서 일차방정식을 한 번 더 배웠어요.

어떤 차이가 있는지 기억나시나요?

1학년에서의 일차방정식은 정확히 말하면 '미지수가 1개인 일차방정식'이에요. 즉, 문자가 1개만 들어간 방정식이죠.

2학년 때는 어땠나요? '미지수가 2개인 일차방정식'을 배웠어요.

이제 3학년 때 '미지수가 3개인 일차방정식'을 배워야 할 것 같지만 미지수가 1개, 2개인 일차방정식을 잘 배웠기 때문에 미지수가 3개, 4개일 때도 잘 풀 수 있을 것으로 판단하고 중학교 3학년 때부터는 '이차방정식'을 배운답니다.

그럼 삼차방정식은 고등학교 1학년 때, 사차방정식은 고등학교 2학년 때 배워야 할 것 같죠? 하지만 아니에요.

중학교 때 일차방정식과 이차방정식을 잘 배운 학생이라면 삼차방정식과 사차방정식도 얼마든지 응용할 수 있으므로 한꺼번에 '고차방정식'이라는 이름으로 등장한답니다.

그래서 우리가 지금 배우는 이차방정식이 너무나도 중요해요!

다음에 이어지는 이차함수도 이차방정식을 모르면 아예 건드릴 수가 없어요. 이차방정식과 이차함수를 잘 이해했느냐의 여부가 앞으로 여러분의 '방정식과 함수'의 인생을 결정한다고 볼 수 있어요.

Ⅳ. 이차함수

#이차함수 #이차함수의 그래프

#$y=a(x-p)^2+q$ #평행이동

#이차함수의 식 구하기

057 이차함수가 되려면?

$y=(a^2+5a-6)x^2-x+2$ 가 ← 여기가 0 이면?? No!

x에 대한 이차함수 일때,

다음 중 실수 a의 값이 될수 없는 것을 모두 고르시오.

x의 이차항 └ x^2 항이 살아 있어야해!

① -6

② -4

③ -2

④ 1

⑤ 3

풀·이·쓰·기

$y=(a^2+5a-6)x^2-x+2$ 에서

↑ 여기가 이차항 (x^2항)

★ 이차항이 사라지면?

더이상 이차함수가 아니다!

→ $(a^2+5a-6)x^2$

↑ 여기가 0 이되면 안된다!

★ $a^2+5a-6=0$ 이되는 경우는?

$+6$
-1
$(+5)$

⇒ $(a+6)(a-1)=0$

⇒ $a=-6$ 또는 $a=1$

↳ 즉 이때, x^2항이 "0"이 된다는것

그러니까, $a\neq-6$ 이고 $a\neq1$ 이어야 한다.

따라서, a값이 될수 없는 것은

①, ④번이다.

답 ①, ④

지연쌤의 SNS

☑ 이차함수의 기본적인 형태

이차함수는 기본적으로 $y=$(x에 대한 이차식)의 꼴이어야 해요.
즉, 어떤 식이 이차함수가 되려면 주어진 함수를 $y=ax^2+bx+c$의 꼴로 정리한 후 $a\neq0$이 되도록 하는 조건을 구하면 그 식은 이차함수가 되는 것이죠.

난이도 ★★★☆☆

1

$y=(a^2-3a-10)x^2+x-2$가 x에 대한 이차함수일 때, 다음 중 실수 a의 값이 될 수 없는 것을 모두 고르면?

① 5 ② 3 ③ 2

④ 0 ⑤ -2

풀이 쓰기

Hint $a^2-3a-10=0$이 되면, x^2항이 남아있을 수가 없겠죠?

IV

이차함수

2

다음 중 $y=ax^2-3(2x-x^2)$이 x에 대한 이차함수가 되도록 하는 실수 a의 조건으로 옳은 것은?

① $a\neq-6$ ② $a\neq-3$ ③ $a\neq-2$

④ $a\neq0$ ⑤ $a\neq2$

풀이 쓰기

Hint 식을 정리해서 x^2항의 계수를 찾아 보세요. (x^2항의 계수)$\neq0$이어야 x^2항을 남길 수 있답니다.

058 $y=ax^2$ 그래프의 성질

다음 <보기>의 이차함수의 그래프에 대한 설명으로 옳지 않은 것은?

<보기>

ㄱ $y=-2x^2$ ㄴ $y=2x^2$

ㄷ $y=\frac{1}{2}x^2$ ㄹ $y=-5x^2$

① 꼭짓점의 좌표는 모두 (0, 0)이다.

② 위로 볼록한 포물선은 ㄱ, ㄹ 이다

③ ㄴ과 ㄷ은 x축에 대하여 대칭이다.

④ 폭이 가장 좁은 것은 ㄹ이다.

⑤ $x<0$ 일 때, x값이 증가하면 y값이 감소하는 것은 ㄴ, ㄷ이다.

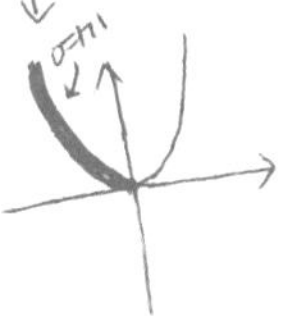

Tip

• 주어진 그래프를 그리면 대략 다음과 같아요.

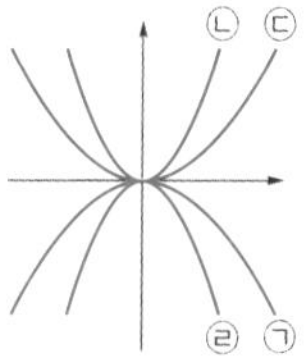

풀·이·쓰·기

① 네 그래프는 모두 $y=ax^2$ 꼴

꼭짓점 (0, 0) & 축의 방정식 $y=0$

②

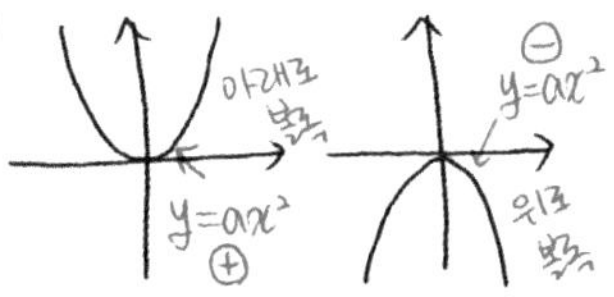

→ 위로 볼록한 것은 a가 음수인 경우!
→ ㄱ, ㄹ

~~③~~ x축에 대하여 대칭인 경우는 ㄱ과 ㄴ

→ $y=-2x^2$ 과 $y=2x^2$

절댓값 같고, 부호만 다른 경우

④ a의 절댓값이 클수록

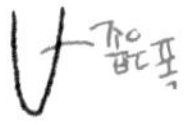

→ ㄱ 2 ㄴ 2 ㄷ $\frac{1}{2}$ ㄹ 5

제일 크다

→ 폭이 제일 좁다.

⑤

→ 아래로 볼록 그래프!
→ $a>0$ 양수!
→ ㄴ, ㄷ

답 ③

난이도 ★★★☆☆

1

다음 |보기|의 이차함수의 그래프에 대한 설명으로 옳지 <u>않은</u> 것은?

풀이 쓰기

|보기|

㉠ $y=-5x^2$ ㉡ $y=-\frac{3}{2}x^2$

㉢ $y=-\frac{2}{3}x^2$ ㉣ $y=-\frac{1}{5}x^2$

㉤ $y=\frac{2}{3}x^2$ ㉥ $y=5x^2$

① 위로 볼록한 포물선은 4개이다.

② 축의 방정식은 모두 $x=0$이다.

③ ㉢과 ㉤은 x축에 대하여 대칭이다.

④ 폭이 가장 좁은 것은 ㉣이다.

⑤ $x>0$일 때, x값이 증가하면 y값도 증가하는 것은 ㉤, ㉥이다.

알아두면 좋아요

① $y=ax^2$의 그래프에서 a의 부호에 따라 그래프가 어디로 볼록한지 결정돼요.
$a>0$이면 아래로 볼록하고, $a<0$이면 위로 볼록해요.

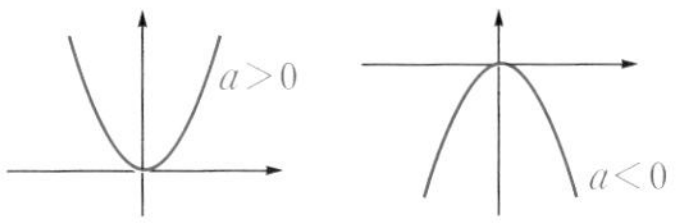

② $y=ax^2$의 그래프에서 a의 절댓값에 따라 그래프의 폭이 좁고 넓은지 결정돼요.
$|a|$의 값이 클수록 폭이 좁아지고,
$|a|$의 값이 작을수록 폭이 넓어져요.

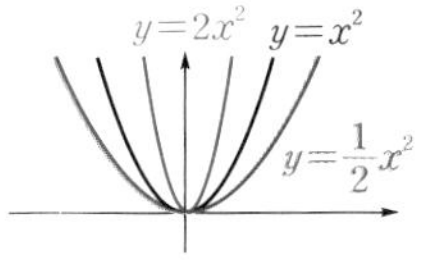

③ $y=ax^2$와 $y=-ax^2$ 그래프는 x축에 서로 대칭해요.

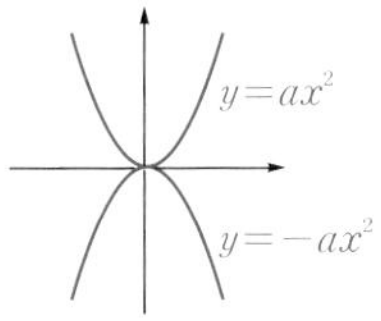

Ⅳ

이차함수

059 $y=ax^2$ 그래프의 평행이동

이차함수 $y=ax^2$의 그래프를

x축의 방향으로 -2만큼, ① ⟿ $(x+2)$로!

y축의 방향으로 3만큼 평행이동하면 ②

두 점 $(0, -5)$, $(-1, b)$를 지난다.

a, b의 값을 각각 구하여라.

Tip

- $y=3(x-2)^2-1$의 그래프는 $y=3x^2$의 그래프를 x축의 방향으로 $+2$만큼 y축의 방향으로 -1만큼 평행이동한 그래프예요.

풀·이·쓰·기

$y=ax^2 \xrightarrow[-2\text{만큼}]{x\text{축방향}} y=a(x+2)^2$

y축방향 3만큼

$y=a(x+2)^2+3$

① $y=a(x+2)^2+3$ ← $(0, -5)$대입 (y ← -5, x ← 0)

$-5=4a+3 \rightarrow 4a+3=-5$

$4a=-5-3$

$4a=-8$

$\therefore a=-2$

② $y=-2(x+2)^2+3$ ← $(-1, b)$대입 (y ← b, x ← -1)

$b=-2\times(-1+2)^2+3$

$b=-2\times1^2+3=-2+3=1$

$\therefore b=1$

답 $a=-2$, $b=1$

난이도 ★★★★☆

1

이차함수 $y=ax^2$의 그래프를 x축의 방향으로 3만큼, y축의 방향으로 5만큼 평행이동하면 두 점 $(2,\ 7)$, $(4,\ b)$를 지난다. a, b의 값을 각각 구하여라.

풀이 쓰기

Hint 먼저 평행이동한 그래프의 식을 나타낸 뒤, 점 $(2,\ 7)$을 대입해서 a의 값을 구해요.

2

다음 보기 에서 이차함수 $y=\frac{5}{2}x^2$의 그래프를 평행이동하여 나타낼 수 있는 그래프의 식을 모두 고르시오.

풀이 쓰기

보기

㉠ $y=\frac{2}{5}x^2+3$

㉡ $y=\frac{5}{2}(x-3)^2$

㉢ $y=4-\frac{5}{2}x^2$

㉣ $y=\frac{5}{2}(x-1)^2+2$

알아두면 좋아요

이차함수 $y=ax^2$의 그래프의 평행이동은 어떻게 이뤄질까요?

① **$y=a(x-p)^2$의 그래프는**

➡ $y=ax^2$의 그래프를 x축의 방향으로 p만큼 평행이동했어요.

② **$y=ax^2+q$의 그래프는**

➡ $y=ax^2$의 그래프를 y축의 방향으로 q만큼 평행이동했어요.

③ **$y=a(x-p)^2+q$의 그래프는**

➡ $y=ax^2$의 그래프를 x축의 방향으로 p만큼, y축의 방향으로 q만큼 평행이동했어요.

060 $y=ax^2+q$, $y=a(x-p)^2$의 그래프

다음 <보기>의 두 그래프에 대하여
이어지는 물음에 답하여라.

<보기>

㉠ $y=2x^2-3$ ㉡ $y=2(x+5)^2$

(1) 꼭짓점의 좌표를 각각 구하여라.

(2) 축의 방정식을 각각 구하여라.

→ 두 그래프 모두 $y=2x^2$의 그래프를 평행이동한 것!

! Tip

• $y=2x^2-3$의 그래프는 $y=2x^2$의 그래프를 y축으로 -3만큼 평행이동한 것이 맞지만 $y=2(x+5)^2$의 그래프는 $y=2x^2$의 그래프를 x축으로 $+5$만큼 평행이동한 것이 아니라 -5만큼 평행이동한 그래프예요.

풀·이·쓰·기

(1) $y=2x^2$ 꼭짓점: $(0, 0)$

y축으로 -3만큼 → ㉠ $y=2x^2-3$, 꼭짓점: $(0, -3)$

x축으로 -5만큼 → ㉡ $y=2(x+5)^2$, 꼭짓점: $(-5, 0)$

(2) $y=2x^2$ 축의 방정식: $x=0$

y축으로 -3만큼 (축에 영향 X) → ㉠ $y=2x^2-3$, 축의 방정식 $x=0$

x축으로 -5만큼 → ㉡ $y=2(x+5)^2$, 축의 방정식 $x=-5$

답 (1) ㉠ $(0, -3)$, ㉡ $(-5, 0)$, (2) ㉠ $x=0$, ㉡ $x=-5$

지연쌤의 SNS

축의 방정식이 무엇인가요?

일차함수 그래프의 모양은 직선이에요. 이차함수 그래프의 모양은 어떤가요? 이차함수 그래프는 한 점을 기준으로 좌우가 같은 선대칭을 이루고 있어요. $y=x^2$ 그래프는 꼭짓점이 $(0, 0)$이고 y축을 기준으로 그래프가 대칭이에요. 이때 y축의 방정식은 $x=0$이죠. 즉, $y=x^2$ 그래프의 축의 방정식은 $x=0$이 된답니다.

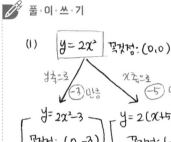

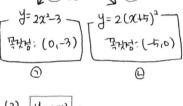

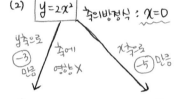

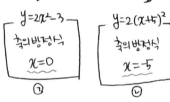

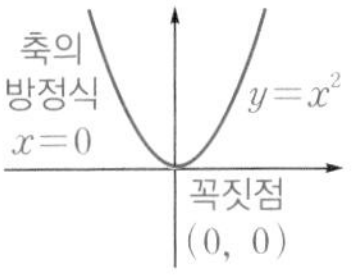

난이도 ★★★☆☆

1

다음 |보기|의 두 그래프에 대하여 이어지는 물음에 답하여라.

풀이 쓰기

|보기|

㉠ $y=3x^2-7$　　㉡ $y=3(x-5)^2$

(1) 꼭짓점의 좌표를 각각 구하여라.

(2) 축의 방정식을 각각 구하여라.

2

$y=-2x^2+5$의 그래프의 꼭짓점의 좌표는 $(a,\ b)$이고, $y=5(x+3)^2$의 그래프의 축의 방정식은 $x=c$라고 할 때, $a+b+c$의 값을 구하여라.

풀이 쓰기

알아두면 좋아요

① 이차함수 $y=a(x-p)^2$의 그래프는 $y=ax^2$의 그래프를 x축의 방향으로 p만큼 평행이동한 그래프
꼭짓점의 좌표는 $(p,\ 0)$
축의 방정식은 $x=p$

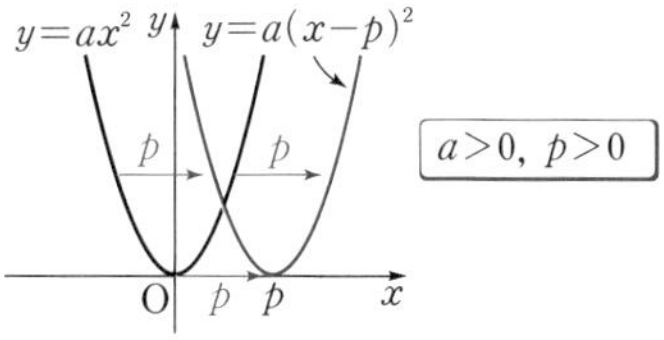

② 이차함수 $y=ax^2+q$의 그래프는 $y=ax^2$의 그래프를 y축의 방향으로 q만큼 평행이동한 그래프
꼭짓점의 좌표는 $(0,\ q)$
축의 방정식은 $x=0$ 즉, y축

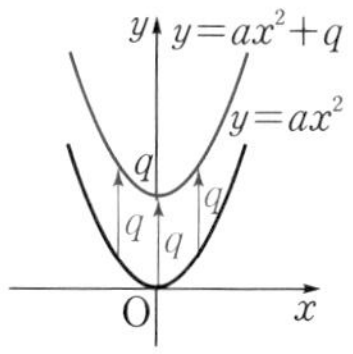

061 $y=a(x-p)^2+q$의 그래프

다음 중 이차함수 $y=(x-3)^2+1$의 그래프에 대한 설명으로 옳지 않은 것은?

① 꼭짓점은 $(3, 1)$이다.

② 축의 방정식은 $x=3$이다.

③ 모든 사분면을 지난다.

④ 평행이동하면 $y=(x-5)^2-2$의 그래프와 포개어진다.

⑤ $x>3$일 때, x값이 증가하면 y값도 증가한다.

↗ 증가함수

① Tip

- 이차함수에서 a의 값이 같으면 무조건 평행이동하여 겹칠 수 있어요.

풀·이·쓰·기

① $y=(x-3)^2+1$ ← $y=x^2$을 평행이동

x축 3만큼

y축 1만큼

→ 꼭짓점: $(3, 1)$

② $y=(x-3)^2+1$

↳ 여기가 "0"이 되는!

→ 축의 방정식: $x=3$

③ $y=(x-3)^2+1$

1이므로 양수 → ∪ 요런모양

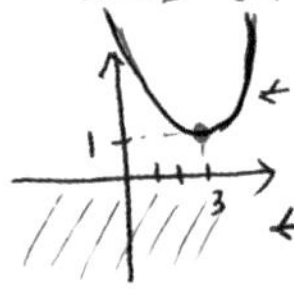

④ $y=(x-3)^2+1$

x축방향 2만큼, y축방향 -3만큼 평행이동

$y=(x-3-2)^2+1-3$

$y=(x-5)^2-2$

⑤

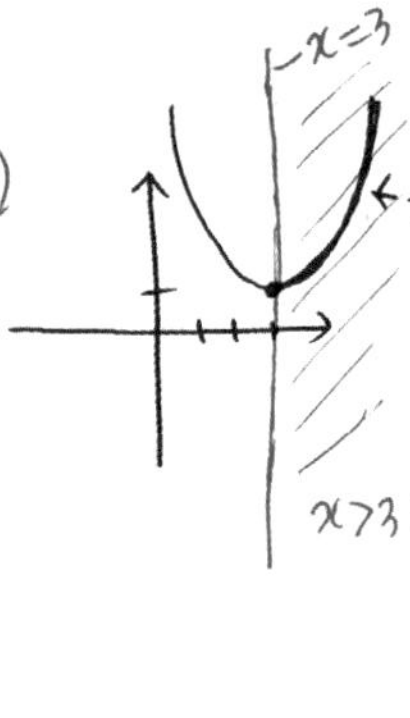

답 ③

난이도 ★★★☆☆

1

다음 중 이차함수 $y=-(x+5)^2+1$의 그래프에 대한 설명으로 옳지 않은 것은?

풀이 쓰기

① 축의 방정식은 $x=-5$이다.

② 꼭짓점은 $(-5,\ 1)$이다.

③ 평행이동하면 $y=x^2-2$의 그래프와 포개어진다.

④ 제1사분면을 지나지 않는다.

⑤ $x>-5$일 때 x값이 증가하면 y값은 감소한다.

Hint 문제의 이차함수 그래프는 a의 값이 음수이므로 위로 볼록한 그래프예요.

2

이차함수 $y=2(x-3)^2-4$의 그래프를 x축의 방향으로 m만큼, y축의 방향으로 n만큼 이동하였더니 $y=2(x+1)^2-2$의 그래프와 일치하였다. 이때 $m+n$의 값을 구하여라.

풀이 쓰기

알아두면 좋아요

이차함수 $y=ax^2$의 그래프를 평행이동해 볼까요?

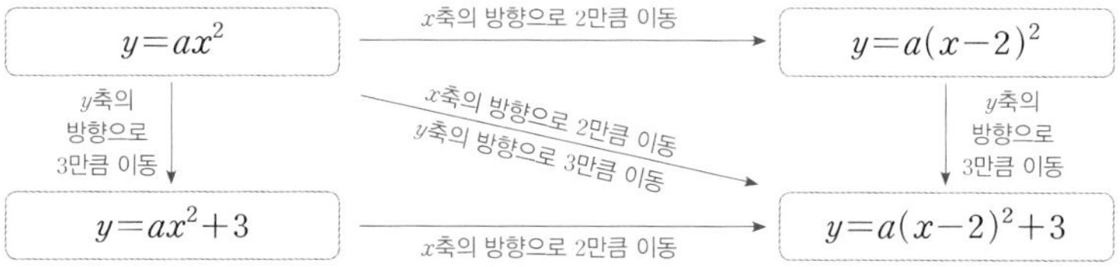

062 $y=a(x-p)^2+q$의 식 구하기

다음 그래프에 대하여 물음에 답하여라.

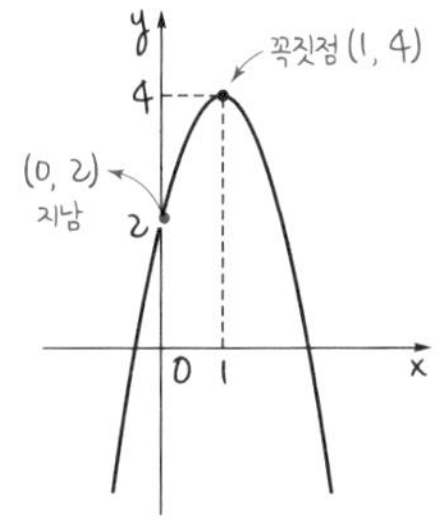

(1) 위 그래프를 나타내는 이차함수의 식을 구하여라.

(2) 이 그래프가 점 (2, k)를 지날 때, k의 값을 구하여라.

Tip

- 문제에서 꼭짓점의 좌표가 (1, 4)이므로 이 차함수의 식은 $y=a(x-1)^2+4$가 되겠죠? 그런데 아직 a의 값을 구하지 못했어요. a의 값은 어떻게 구해야 할까요?

풀·이·쓰·기

(1) 꼭짓점의 좌표가 (1, 4) 이므로

→ $y=a(x-1)^2+4$

↑ a는 아직 모름

이 그래프가 (0, 2)를 지나므로 대입하자!

→ $y=a(x-1)^2+4$

(y ← 2, x ← 0)

→ $2=a\times(0-1)^2+4$ ($(0-1)^2$ → 1)

$2=a+4$

$\therefore a=-2$

따라서, 이 그래프의 식은

$y=-2(x-1)^2+4$

(2) $y=-2(x-1)^2+4$

← (2, k) 대입

→ $k=-2(2-1)^2+4$

$k=-2+4$

$k=2$

답 (1) $y=-2(x-1)^2+4$, (2) $k=2$

난이도 ★★★☆☆

1

다음 그래프에 대하여 물음에 답하여라.

풀이 쓰기

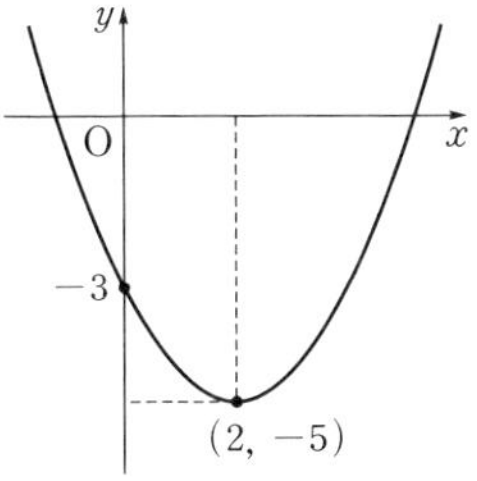

(1) 위 그래프를 나타내는 이차함수의 식을 구하여라.

(2) 이 그래프가 점 $(4,\ k)$를 지날 때, k의 값을 구하여라.

알아두면 좋아요

이차함수의 식을 구할 때, 문제에서 꼭짓점과 다른 한 점을 알려줬다면 다음과 같이 식을 구해 보세요.

① 꼭짓점의 좌표가 $(p,\ q)$이면 이차함수의 식을 $y=a(x-p)^2+q$로 놓아요.

② 주어진 다른 한 점을 식에 대입해서 a의 값을 구해요.

③ 식 완성!

063 $y=a(x-p)^2+q$의 그래프에서 a, p, q의 부호

이차함수 $y=a(x-p)^2+q$의 그래프가 다음과 같을 때, 상수 a, p, q의 부호를 각각 구하여라.

(1)

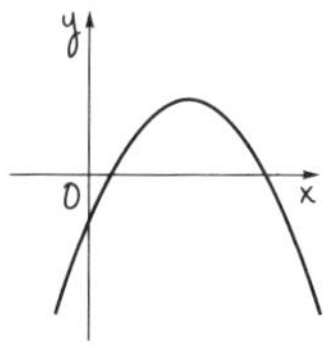

(2)

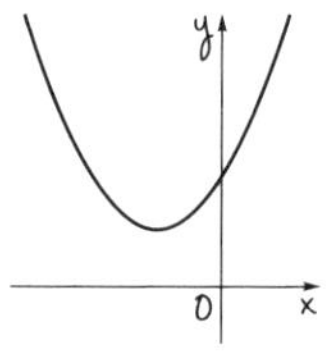

(3)

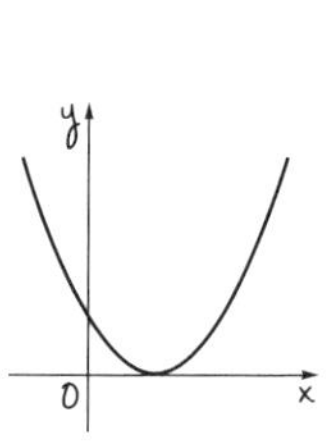

풀·이·쓰·기

(1)

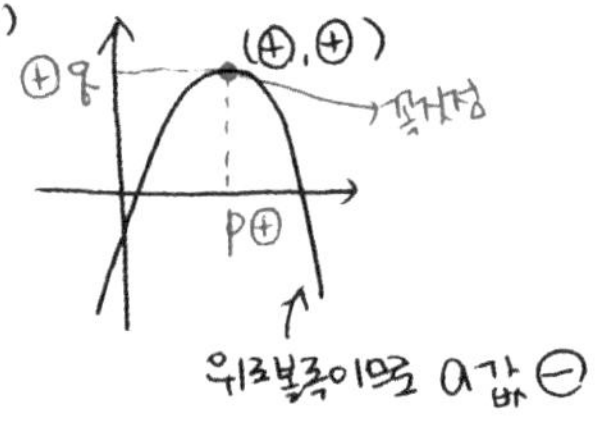

→ $a<0$, $p>0$, $q>0$

(2)

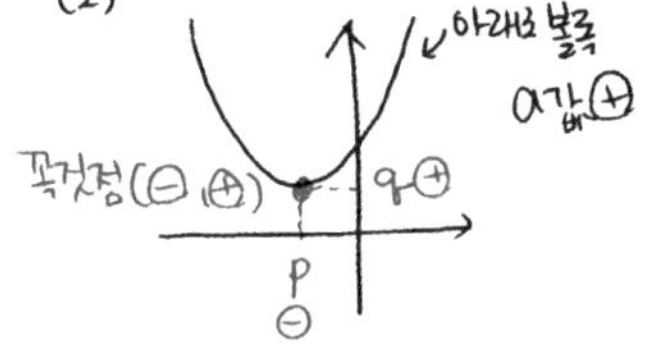

→ $a>0$, $p<0$, $q>0$

(3)

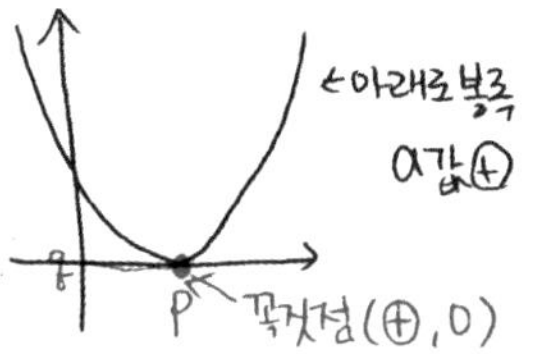

→ $a>0$, $p>0$, $q=0$

답 (1) $a<0$, $p>0$, $q>0$, (2) $a>0$, $p<0$, $q>0$, (3) $a>0$, $p>0$, $q=0$

난이도 ★★★★☆

1

이차함수 $y=a(x-p)^2+q$의 그래프가 다음 그림과 같을 때, 다음 물음에 답하여라.

풀이 쓰기

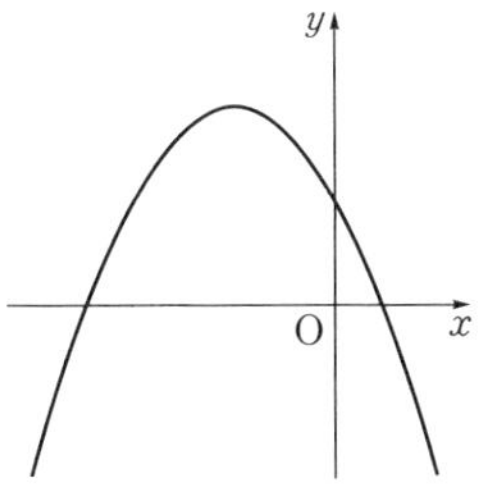

(1) a, p, q의 부호를 구하여라.

(2) $y=q(x-a)^2-p$의 그래프가 지나는 사분면을 모두 구하여라.

알아두면 좋아요

이차함수 $y=a(x-p)^2+q$의 그래프에서 a, p, q의 부호를 구해 볼까요?
그래프의 모양으로 a의 부호를 구할 수 있어요.

① 그래프가 아래로 볼록 ➡ $a>0$
② 그래프가 위로 볼록 ➡ $a<0$

꼭짓점의 위치로 q와 p의 부호를 구할 수 있어요.

① 제1사분면 ➡ $p>0$, $q>0$
② 제2사분면 ➡ $p<0$, $q>0$
③ 제3사분면 ➡ $P<0$, $q<0$
④ 제4사분면 ➡ $p>0$, $q<0$
⑤ x축 위 ➡ $q=0$
⑥ y축 위 ➡ $p=0$

064 $y=ax^2+bx+c$를 $y=a(x-p)^2+q$로 변형하기

이차함수 $y=2x^2+8x-2$를

$y=a(x-p)^2+q$의 꼴로 나타낼 때,

$a+p+q$의 값을 구하여라.

Tip

- 완전제곱식으로 변형할 때는 $y=2x^2+8x-2$에서 일단 상수항을 제외한다고 생각하면 편해요.

풀·이·쓰·기

$y=2x^2+8x-2$

↓ 일단 2로 묶는다.

$y=2(x^2+4x)-2$

↓ 완전제곱식이 되려면? +4 필요

$y=2(x^2+4x+4-4)-2$

(+4: 내 맘대로 +4 했으니까 / -4: -4 해줘야지)

$y=2(x^2+4x+4-4)-2$

(2를 -4에 분배해서 괄호밖으로 내보내기)

$y=2(x^2+4x+4)-8-2$

$y=2(x+2)^2-10$

(2는 a, p는 -2, q는 -10)

→ $a+p+q=2+(-2)+(-10)$

$=-10$

답 -10

지연쌤의 SNS

☑ 꼭 완전제곱식을 이용하는 방법으로 변형해야 하나요?

$y=ax^2+bx+c$ 꼴의 식을 $y=a(x-p)^2+q$꼴로 변형할 때 다른 방법으로도 변형할 수 있어요. $y=a(x-p)^2+q$를 전개하여 $y=ax^2+bx+c$와 비교하는 방법이죠. 식을 한번 전개해 볼까요? $y=ax^2-2apx+ap^2+q$가 되고 $y=ax^2+bx+c$와 비교하면, $b=-2ap$, $c=ap^2+q$예요. 문제에서 $a=2$, $b=8$, $c=-2$였으니 대입하면 $p=-2$, $q=-10$이므로 $y=2(x+2)^2-10$이 된답니다. 하지만 훨씬 복잡하죠?

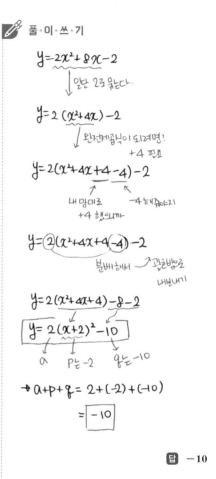

난이도 ★★★★☆

1

이차함수 $y=3x^2-6x+1$을 $y=a(x-p)^2+q$의 꼴로 나타내어라.

풀이 쓰기

Hint '$3x^2-6x$' 이 부분만 먼저 3으로 묶은 다음에 완전제곱식을 생각해 보세요.

2

이차함수 $y=-3x^2+kx-1$의 그래프가 점 (1, 2)를 지날 때, 이 그래프의 꼭짓점의 좌표와 축의 방정식을 구하여라.

풀이 쓰기

알아두면 좋아요

이차함수 $y=ax^2+bx+c$ 꼴의 그래프는 $y=a(x-p)^2+q$ 꼴로 변형하여 그릴 수 있어요.

$y=x^2-2x+3$ → 'x^2-2x' 이 부분을 완전제곱식으로 만들려면? $+1$이 필요하겠죠?

$=(x^2-2x+1-1)+3$ → $+1$을 해줬으니 -1도 같이 해줘야 균형이 맞아요!

$=(x-1)^2+2$ → $y=a(x-p)^2+q$ 꼴의 식으로 변형 끝!

$y=ax^2+bx+c$꼴의 식에서 알 수 있는 것	$y=a(x-p)^2+q$꼴의 식에서 알 수 있는 것
① y절편(y축과 만나는 점): $(0, c)$ ② x절편(x축과 만나는 점): $0=ax^2+bx+c$	① 그래프의 꼭짓점: (p, q) ② 축의 방정식: $x=p$

IV 이차함수

065 $y=ax^2+bx+c$의 x축, y축과 만나는 점

이차함수 $y=x^2+3x-4$의

그래프에 대하여 다음 물음에 답하여라.

(1) 그래프가 y축과 만나는 점 ← $x=0$ 일때

(2) 그래프가 x축과 만나는 점 ← $y=0$ 일때

Tip

- 문제의 이차함수 그래프를 그려 볼까요?

①

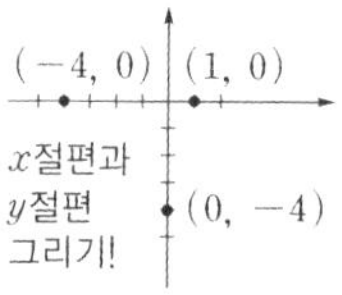

②

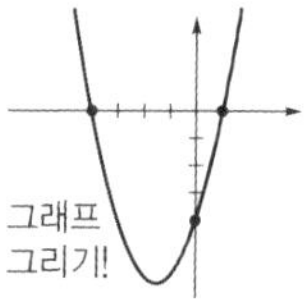

풀·이·쓰·기

(1) $y=-x^2+3x-4$

← $x=0$을대입

$\boxed{y=-4}$ 끝!

→ y축과만나는점 $(0, -4)$

(2) $y=x^2+3x-4$

← $y=0$을대입

$0=x^2+3x-4$

↓ 자리를 바꾸자

$x^2+3x-4=0$

인수분해

x^2+3x-4

$+4$
-1
$+3$

→ $(x+4)(x-1)=0$

→ $x=-4$ 또는 $x=1$

→ x축과 만나는 점

$(-4, 0), (1, 0)$

답 (1) $(0, -4)$, (2) $(-4, 0)$, $(1, 0)$

난이도 ★★★★☆

1

이차함수 $y=2x^2-5x-3$의 그래프에 대하여 다음 물음에 답하여라.

풀이 쓰기

(1) 그래프가 y축과 만나는 점을 구하여라.

(2) 그래프가 x축과 만나는 점을 구하여라.

2

이차함수 $y=-x^2+5x+k$의 그래프가 $(1,\ 10)$을 지날 때, 이 그래프가 x축과 만나는 점의 좌표를 구하여라.

풀이 쓰기

Hint 먼저 식에서 k의 값을 구해야 문제를 해결할 수 있겠죠? 점 $(1,\ 10)$을 식에 대입해요.

알아두면 좋아요

이차함수식 $y=ax^2+bx+c$로 x축과 만나는 점과 y축과 만나는 점을 구해 볼까요?

① x축과 만나는 점의 좌표는 y의 좌표가 0이므로 $y=0$을 대입해요.
$ax^2+bx+c=0$이 되었죠? 어? 이차함수가 이차방정식이 되었어요.
이차방정식을 풀면 x축과 만나는 점의 x 좌표를 구할 수 있겠죠?

② y축과 만나는 점의 좌표는 x의 좌표가 0이므로 $x=0$을 대입해요.
그럼 바로 c인 것을 알 수 있어요.
$y=ax^2+bx+\underline{c}$
└ y축과 만나는 점!

066 $y=ax^2+bx+c$ 그래프의 성질

y축과 만나는 점의 좌표

다음 중 이차함수 $y=x^2-2x+4$의 그래프에 대한 설명으로 옳지 않은 것은?

① 꼭짓점의 좌표는 (1, 3)

② $x=1$에 대하여 대칭

③ 제 3, 4분면을 지나지 않는다.

④ x축과 두 점에서 만난다.

⑤ 아래로 볼록한 포물선이다.

풀·이·쓰·기

일단 꼭짓점, y절편 등을 찾아서 그래프를 대략~ 그려보자!

→ $y=a(x-p)^2+q$ 꼴로 변신!

$y=x^2-2x+4$

↳여기에 +1 있으면 완전제곱식이 되니

$y=x^2-2x+1-1+4$

$y=1(x-1)^2+3$

→ 꼭짓점 (1, 3), y절편 4

양수 ∪ ←아래로 볼록

그래프의 핵심 정보

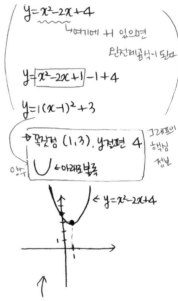

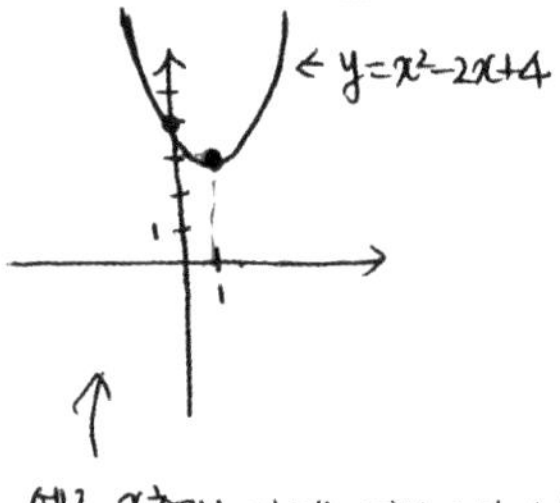

엥? x축과는 아예 만나지 않아!

④번이 틀렸을 걸

답 ④

Tip

- 이차함수의 그래프를 그릴 때, 3가지만 알고 있으면 그래프의 대략적인 모양을 알 수 있어요.

① a의 부호(위로 볼록, 아래로 볼록)
② 꼭짓점
③ y절편(y축과 만나는 점)

난이도 ★★★★☆

1

다음 중 $y=x^2+4x-7$의 그래프에 대한 설명으로 옳은 것은?

풀이 쓰기

① 꼭짓점의 좌표는 $(2,\ -11)$이다.

② $x=2$에 대하여 대칭이다.

③ 위로 볼록한 포물선이다.

④ x축과 만나지 않는다.

⑤ 모든 사분면을 다 지난다.

Hint 일단 $y=a(x-p)^2+q$ 꼴로 변형해 보세요.

2

$y=-2x^2+4x+1$의 그래프가 증가하는 x값의 범위를 구하여라.

풀이 쓰기

Hint 이 그래프는 위로 볼록한 포물선 모양이므로

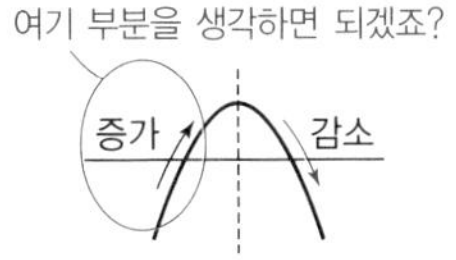

알아두면 좋아요

이차함수 $y=ax^2+bx+c$의 그래프의 증가와 감소 범위는 먼저 그래프의 축을 중심으로 나눠야 축의 방정식을 구하기 위해서는 식을 $y=a(x-p)^2+q$ 꼴로 변형해야겠죠?

'그래프가 증가한다'라는 말은 x의 값이 증가할 때, y의 값도 증가한다는 것이고, '그래프가 감소한다'라는 말은 x의 값이 증가할 때, y의 값이 감소한다는 말이에요.

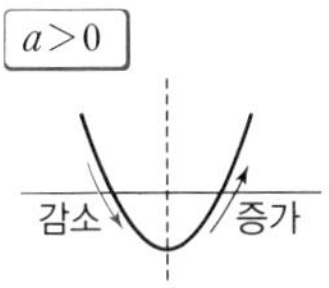

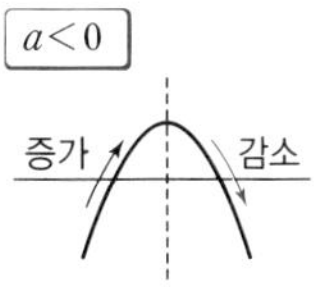

067 $y=ax^2+bx+c$ 그래프의 평행이동

이차함수 $y=3x^2-6x+8$의 그래프를 x축의 방향으로 2만큼, y축의 방향으로 -3만큼 평행이동한 그래프가 $y=ax^2+bx+c$의 그래프와 일치할 때, a, b, c의 값을 각각 구하여라.

일단 $y=a(x-p)^2+q$ 꼴이어야

↓ x축으로 2만큼, y축으로 -3만큼

$y=a(x-p-2)^2+q-3$ 이렇게

! Tip

- x절편이나 y절편을 구할 때는 $y=ax^2+bx+c$ 꼴의 식이 더 편리해요. 그래프를 평행이동하는 것은 $y=ax^2+bx+c$ 꼴의 식보다 $y=a(x-p)^2+q$ 꼴의 식이 더 편리해요.

풀·이·쓰·기

① $y=3x^2-6x+8$

$y=3(x^2-2x)+8$

↳ 완전제곱식? (+1) 필요

$y=3(x^2-2x+1-1)+8$

↳ 6배는 3 곱해서 밖으로

$y=3(x^2-2x+1)-3+8$

↙ 완전제곱식

$y=3(x-1)^2+5$

② $y=3(x-1)^2+5$를 평행이동!

↓ x축으로 ②만큼, y축 〃 (-3) 〃

$y=3(x-1-2)^2+5-3$

$y=3(x-3)^2+2$

③ $y=ax^2+bx+c$ 꼴로 정리!

$y=3(x-3)^2+2$

$y=3(x^2-6x+9)+2$

$y=3x^2-18x+27+2$

$y=3x^2-18x+29$

따라서, $a=3$, $b=-18$, $c=29$

답 $a=3$, $b=-18$, $c=29$

난이도 ★★☆☆☆

1

이차함수 $y=2x^2+8x-7$의 그래프를 x축의 방향으로 3만큼, y축의 방향으로 10만큼 평행이동한 그래프가 $y=ax^2+bx+c$의 그래프와 일치할 때, $a+b+c$의 값을 구하여라.

풀이 쓰기

IV

이차함수

2

이차함수 $y=-5x^2+10x-1$의 그래프를 x축의 방향으로 k만큼 평행이동한 그래프가 점$(1,\ -1)$을 지날 때, k의 값을 구하여라. (단, $k>0$)

풀이 쓰기

Hint $y=a(x-p)^2+q$ 꼴로 변형하고 k만큼 평행이동 시킨 그래프의 식을 구한 후, $(1,\ -1)$을 대입하면 된답니다.

068 이차함수의 그래프와 도형의 넓이

다음 그림과 같이 이차함수 $y=-x^2-4x+5$의 그래프의 꼭짓점을 A라 하고, ①

그래프가 x축과 만나는 두 점을 각각 B, C라 할 때, ②

△ABC의 넓이를 구하여라. ③

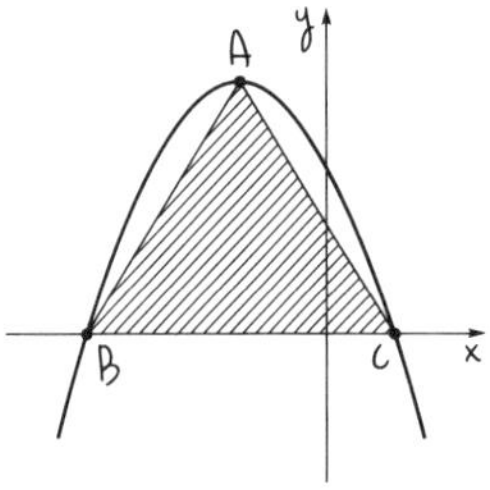

ⓘ Tip

- 꼭짓점의 y좌표가 삼각형의 높이이고, 그래프가 x축과 만나는 두 점의 차이가 삼각형의 밑변의 길이이겠죠?

풀·이·쓰·기

① 꼭짓점을 구하기 위해

$y=-x^2-4x+5$

(−1)로 묶기

$y=-(x^2+4x)+5$

↳ (+4) 필요

$y=-(x^2+4x+4-4)+5$

↳ −1 곱해서 내보내기

$y=-(x^2+4x+4)+4+5$

$y=-(x+2)^2+9$

↳ 꼭짓점 A (−2, 9)

② x축과 만나는 점 → $y=0$ 일 때,

$0=-x^2-4x+5$

→ $-x^2-4x+5=0$) 양변 × (−1)

$x^2+4x-5=0$

(+5, −1 → +4)

→ $(x+5)(x-1)=0$

→ $x=-5$ 또는 $x=1$ 이므로

x축과 만나는 점 B (−5, 0) C (1, 0)

③

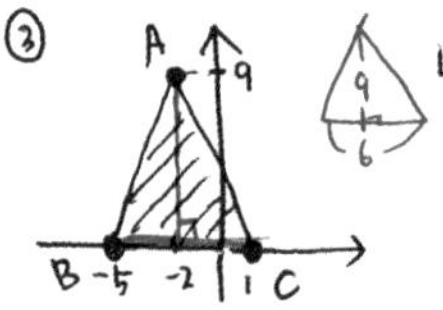

넓이 $=6\times9\times\frac{1}{2}$

$=27$

답 27

난이도 ★★★★☆

1

다음 그림과 같이 이차함수 $y=-x^2+6x+7$의 그래프의 꼭짓점을 A라 하고, 그래프가 x축과 만나는 두 점을 각각 B, C라 할 때, 다음 물음에 답하여라.

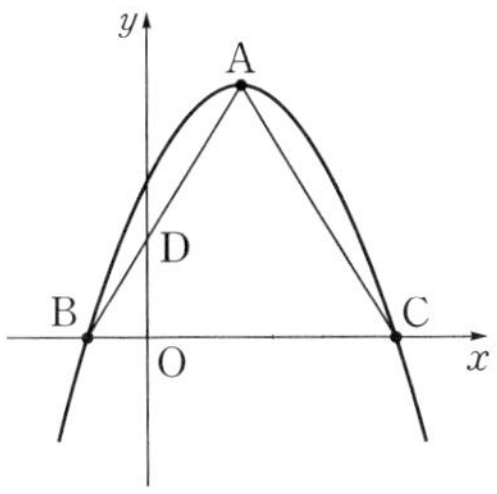

(1) $\overline{BC}$의 길이를 구하여라.

(2) $\overline{BC}$를 밑변으로 했을 때, $\triangle ABC$의 높이를 구하여라.

(3) $\triangle ABC$의 넓이를 구하여라.

풀이 쓰기

Ⅳ

이차함수

069 $y=ax^2+bx+c$의 그래프와 a, b, c의 부호

이차함수 $y=ax^2+bx+c$의 그래프가 다음 그림과 같을 때, 상수 a, b, c의 부호를 결정하여라.

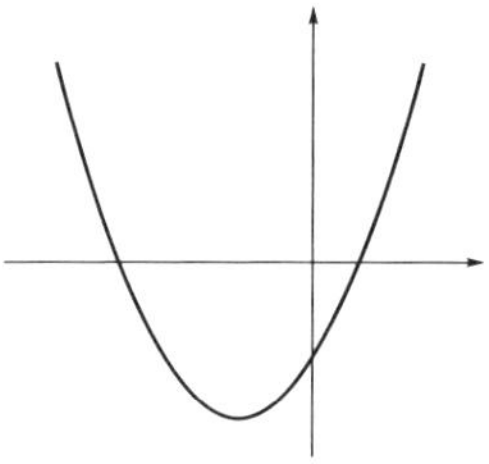

! Tip

- $y=ax^2+bx+c$ 꼴의 식을 $y=a(x-p)^2+q$ 꼴의 식으로 변형하지 않아도 a, b, c의 부호를 이용하여 그래프의 대략적인 모양을 그릴 수 있어요.

풀·이·쓰·기

① a의 부호 → ∪ or ∩ 모양으로 결정

→ 그래프가 ∪ 아래로 볼록하므로

$a>0$ 이다.

② b의 부호 → 축의 위치로 결정

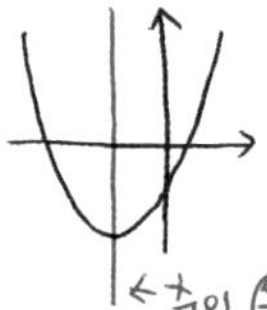

← 축이 음수 쪽이므로

$ab>0$ 이다.

↑ ⊕이므로 b도 ⊕여야 함

→ $b>0$

③ c의 부호 → y축과 만나는 점으로 결정.

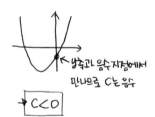

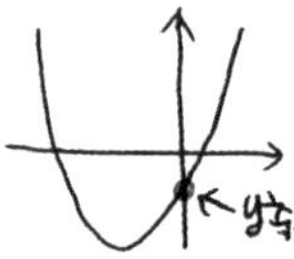

← y축과 음수지점에서 만나므로 c는 음수

→ $c<0$

∴ $a>0, b>0, c<0$

답 $a>0,\ b>0,\ c<0$

난이도 ★★★☆☆

1

이차함수 $y=ax^2+bx+c$의 그래프가 다음 그림과 같을 때, 상수 a, b, c의 부호를 결정하여라.

풀이 쓰기

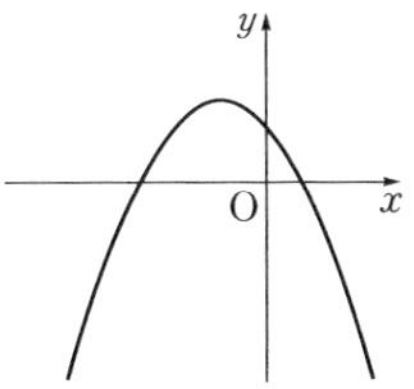

2

이차함수 $y=ax^2+bx+c$가 있다. a, b, c의 부호가 각각 $a>0$, $b<0$, $c>0$일 때, 다음 이차함수 그래프로 알맞은 것은?

풀이 쓰기

① 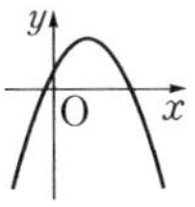 ② 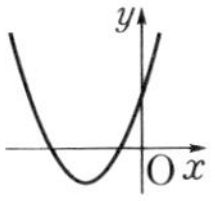 ③ 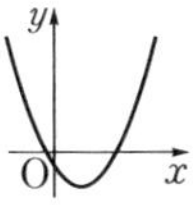

④ 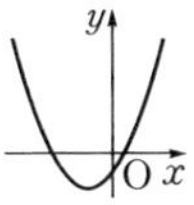 ⑤ 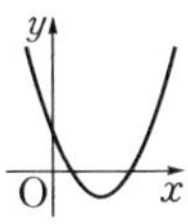

알아두면 좋아요

$y=ax^2+bx+c$의 그래프와 a, b, c의 부호의 관계를 알아 볼까요?

① a의 부호: $a>0$이라면 그래프는 아래로 볼록
$a<0$이라면 그래프는 위로 볼록

② b의 부호: $ab>0$(a와 b가 같은 부호라면)이면 축이 y축의 왼쪽에 위치
$b=0$이면 축이 y축과 일치
$ab<0$(a와 b가 다른 부호라면)이면 축이 y축의 오른쪽에 위치

③ c의 부호: $c>0$이면 y축과 만나는 점이 원점 위에 위치
$c=0$이면 y축과 만나는 점이 원점에 위치
$c<0$이면 y축과 만나는 점이 원점 아래에 위치

IV 이차함수

070 이차함수의 식 구하기 (꼭짓점과 다른 한 점이 주어졌을 때)

꼭짓점의 좌표가 (1, -4)이고, ↳ $y=a(x-p)^2+q$ 꼴

(0, 3)을 지나는 이차함수의 그래프의 식이 $y=ax^2+bx+c$ (대입)

일 때, a, b, c의 값을 구하여라.

Tip

- 이차함수의 식을 구할 때는 주어진 조건에 따라 $y=a(x-p)^2+q$ 꼴의 식을 이용할 수도 있고, $y=ax^2+bx+c$ 꼴의 식을 이용할 수도 있어요.

풀·이·쓰·기

꼭짓점이 (1, -4)이므로

→ $y=a(x-1)^2-4$

↳ a만 구하면 끝!

(0, 3)을 대입하자!

→ $3=a\times(0-1)^2-4$

$3=a\times(-1)^2-4$

$3=a-4$

$\therefore a=7$

→ $y=7(x-1)^2-4$ 이다!

정리하면,

$y=7(x^2-2x+1)-4$

$y=7x^2-14x+7-4$

$y=7x^2-14x+3$ (a, b, c)

따라서, $a=7,\ b=-14,\ c=3$

답 $a=7,\ b=-14,\ c=3$

난이도 ★★★★☆

1

꼭짓점의 좌표가 $(-2,\ 3)$이고, $(0,\ 2)$를 지나는 이차함수의 그래프의 식이 $y=ax^2+bx+c$일 때, a, b, c의 값을 구하여라.

풀이 쓰기

2

이차함수 $y=ax^2+bx+c$의 그래프가 다음과 같을 때, a, b, c의 값을 구하여라.

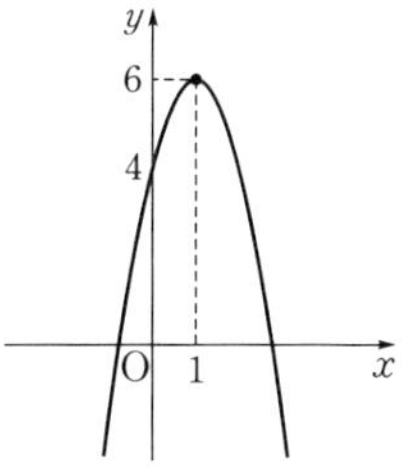

풀이 쓰기

Hint 꼭짓점이 $(1,\ 6)$이고, 점 $(0,\ 4)$를 지나는 그래프예요.

알아두면 좋아요

이차함수의 식을 구할 때 꼭짓점과 다른 한 점의 좌표가 주어졌다면, $y=a(x-p)^2+q$ 꼴의 식을 이용하여 꼭짓점의 좌표 $(p,\ q)$를 먼저 대입하고, 그래프가 지나는 다른 한 점을 대입하여 a의 값을 구해요.

Ⅳ 이차함수

071 이차함수의 식 구하기 (축의 방정식과 두 점이 주어졌을 때)

이차함수 $y=ax^2+bx+c$의 그래프는

축의 방정식이 $x=3$이고, 두 점

↳ $y=a(x-3)^2+q$

$(4,-1)$, $(0,-17)$을 지난다.

둘다 대입

상수 a, b, c의 값을 각각 구하여라.

풀·이·쓰·기

① 축의 방정식이 $x=3$ 이므로

→ $y=a(x-3)^2+q$

↳ a랑 q를 구해야 되네

② $(4,-1)$ 대입

→ $-1=a\times(4-3)^2+q$

$-1=a\times1^2+q$

$-1=a+q$

③ $(0,-17)$ 대입

→ $-17=a\times(0-3)^2+q$

$-17=a\times(-3)^2+q$

$-17=9a+q$

둘이 연립

④

$$\begin{array}{r} a+q=-1 \\ -\ \ 9a+q=-17 \\ \hline -8a=16 \end{array}$$

$a=-2$

$-2+q=-1$

$q=1$

⑤ 식 $y=-2(x-3)^2+1$

정리, $y=-2(x^2-6x+9)+1$

$y=-2x^2+12x-18+1$

$y=-2x^2+12x-17$

(a, b, c)

따라서, $a=-2$, $b=12$, $c=-17$

답 $a=-2$, $b=12$, $c=-17$

난이도 ★★★★☆

1

이차함수 $y=ax^2+bx+c$의 그래프는 축의 방정식이 $x=-2$이고, 두 점 $(-1,\ 2)$, $(0,\ 11)$을 지난다. a, b, c의 값을 각각 구하여라.

풀이 쓰기

2

보기 의 조건을 모두 만족시키는 이차함수의 그래프의 식을 $y=ax^2+bx+c$ 꼴로 나타내어라.

풀이 쓰기

보기

㉠ 이차함수 $y=-x^2$의 그래프를 평행이동한 것이다.

㉡ 축의 방정식은 $x=1$이다.

㉢ 점 $(2,\ 4)$를 지난다.

알아두면 좋아요

이차함수의 식을 구할 때 축의 방정식과 다른 두 점의 좌표가 주어졌다면, $y=a(x-p)^2+q$ 꼴의 식을 이용하여 축의 방정식 $x=p$의 값을 먼저 대입하고, 그래프가 지나는 두 점의 좌표를 대입하여 a, q의 값을 구해요.

072 이차함수의 식 구하기 (y축과 만나는 점과 두 점이 주어졌을 때)

다음 그림과 같은 이차함수의
그래프의 식을 구하여라.

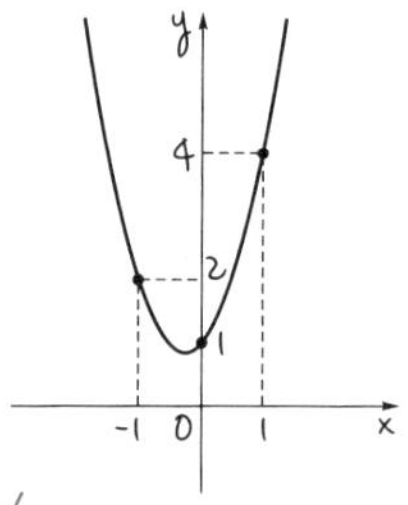

그래프가 지나는 세 점을 파악하자
→ (0, 1), (−1, 2), (1, 4)

풀·이·쓰·기

주어진 그래프위의 세 점
→ (0, 1), (−1, 2), (1, 4)
↑ y축과 만나는점!
→ $y=ax^2+bx+1$
이제 a, b만 구하면 된다.

① (−1, 2) 대입
→ $2=a\times(-1)^2+b\times(-1)+1$
$2=a-b+1$
$1=a-b$

② (1, 4) 대입
→ $4=a\times1^2+b\times1+1$
$4=a+b+1$
$3=a+b$

연립

③ $a-b=1$
$+\ a+b=3$
$2a=4$
$a=2$

$2-b=1$
$b=1$

식 완성 $y=ax^2+bx+1$ ($a=2$, $b=1$)
$y=2x^2+x+1$

답 $y=2x^2+x+1$

난이도 ★★★★☆

1

다음 그림과 같은 이차함수 그래프의 식을 구하여라.

풀이 쓰기

(1)

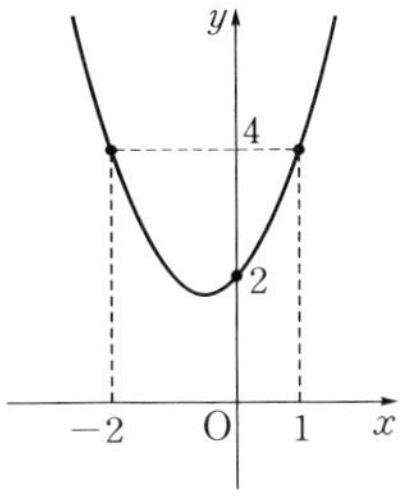

(2)

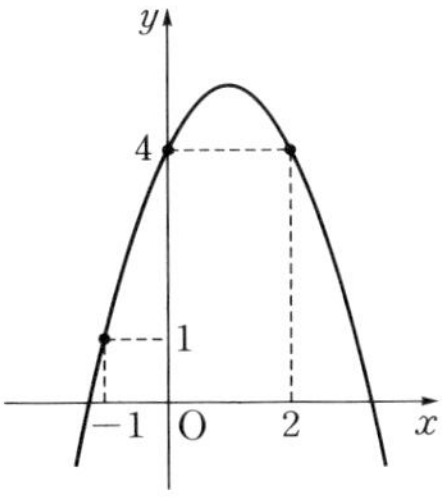

알아두면 좋아요

이차함수의 식을 구할 때 그래프가 y축이 만나는 좌표와 다른 두 점이 주어졌다면, $y=ax^2+bx+c$ 꼴의 식을 이용하여 y축과 만나는 좌표 $(0, c)$를 먼저 대입하고, 그래프가 지나는 두 점의 좌표를 대입하여 a, b의 값을 구해요.

073 이차함수의 식 구하기 (x축과 만나는 두 점과 다른 한 점이 주어졌을 때)

다음 그림과 같은 이차함수의 그래프의 식을 구하고, 꼭짓점의 좌표를 구하여라.

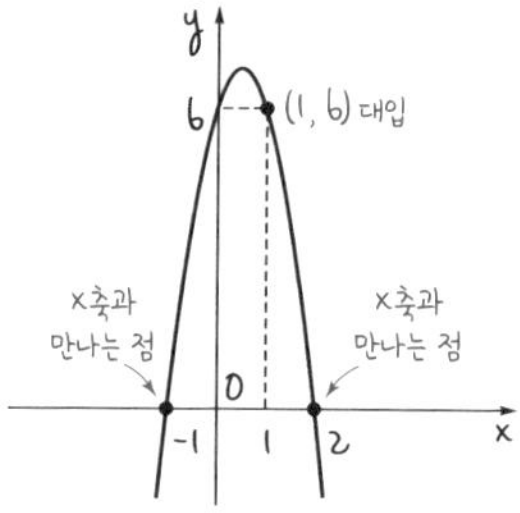

풀·이·쓰·기

① 그래프가 x축에서 -1과 2에서 만나고 있으므로

→ $y=a(x+1)(x-2)$

└ a만 구하면 끝이네?

② $(1,6)$을 대입하자.

→ $6=a\times(1+1)\times(1-2)$

$6=a\times2\times(-1)$

$6=-2a$ → $a=-3$

따라서, $y=-3(x+1)(x-2)$

↳ 식 완성!

③ 꼭짓점의 좌표를 구하자.

↳ $y=a(x-p)^2+q$ 꼴로

→ $y=-3(x+1)(x-2)$

$y=-3(x^2-x-2)$ 내보내기

$y=-3(x^2-x)+6$

└ 완전제곱식 되려면 $+\frac{1}{4}$ 필요

$y=-3(x^2-x+\frac{1}{4}-\frac{1}{4})+6$

내보내기

$y=-3(x^2-x+\frac{1}{4})+\frac{3}{4}+6$

$y=-3(x-\frac{1}{2})^2+\frac{27}{4}$

↳ 꼭짓점의 좌표 : $(\frac{1}{2}, \frac{27}{4})$

답 $\left(\frac{1}{2}, \frac{27}{4}\right)$

난이도 ★★★★☆

1

다음 그림과 같은 이차함수의 그래프에 대하여 물음에 답하여라.

풀이 쓰기

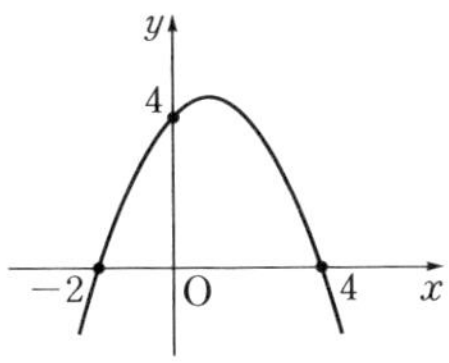

(1) 그래프의 식을 $y=ax^2+bx+c$ 꼴로 나타내어라.

Hint x축과 만나는 두 점을 이용하면 $y=a(x-4)(x+2)$라는 식을 세울 수 있겠죠?

(2) 꼭짓점의 좌표를 구하여라.

Hint 꼭짓점을 구하기 위해서는 식을 $y=a(x-p)^2+q$ 꼴로 변형해야 하겠죠?

알아두면 좋아요

이차함수의 식을 구할 때 그래프가 x축이 만나는 두 점의 좌표와 다른 한 점이 주어졌다면, $y=a(x-m)(x-n)$ 꼴의 식을 이용하여 x축과 만나는 좌표 $(m, 0)$, $(n, 0)$을 먼저 대입하고, 그래프가 지나는 한 점의 좌표를 대입하여 a의 값을 구해요.

Ⅳ 이차함수

쌤의 수학 읽을거리

함수로 하트(♡)를 만들어요!

드디어 중학교 3학년이 되면서 멋진 곡선이 있는 그래프가 등장해요!

이제 우리는 $y=x^2$이라는 이름을 가진 친구의 얼굴을 알게 되었죠. 이것뿐 일까요? 이 친구보다 조금 넓적한 친구, 뾰족한 친구, 뒤집힌 친구 등 다양한 모양의 친구들도 만났어요.

이제부터 우리는 좌표평면에 함수 그래프를 이용하여 멋진 그림을 그릴 수 있게 되었어요. 사실 여러분이 좋아하는 게임 캐릭터나 만화 캐릭터를 만들 때도 이렇게 함수를 사용한답니다.

예쁜 하트모양(♡)은 어떤 함수식으로 되어있는지 알아 볼까요?

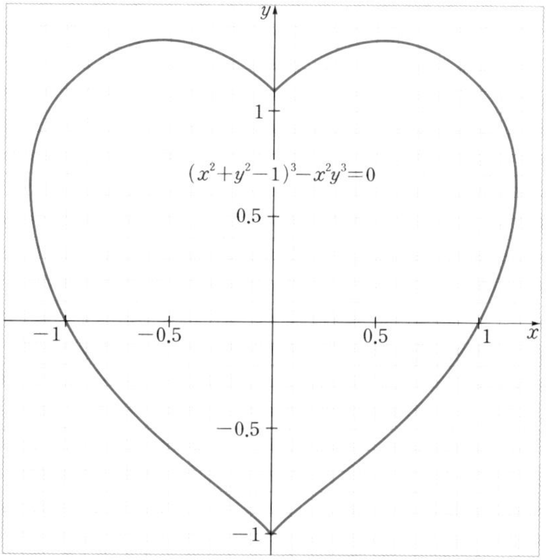

V. 삼각비

#삼각비 #sin #cos #tan

#30°, 45°, 60° #삼각형의 변의 길이

#삼각형의 넓이

074 삼각비를 이용하면 변의 길이를 구할 수 있어요

다음 그림과 같은 △ABC에서

$\overline{BC}=6\text{cm}$이고, $\cos C=\frac{2}{3}$일 때,

물음에 답하여라.

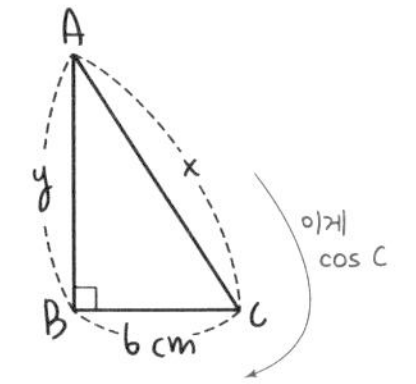

(1) x를 구하여라.

(2) y를 구하여라.

(3) $\cos A$의 값을 구하여라.

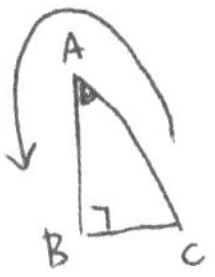

Tip

- 삼각비란?

  삼각비는 직각삼각형에서 직각이 아닌 다른 한 각의 크기에 따른 세 변의 길이의 비를 말해요.

  즉, 삼각형의 세 각 중에 직각이 없으면 삼각비를 적용할 수 없어요.

풀·이·쓰·기

(1)

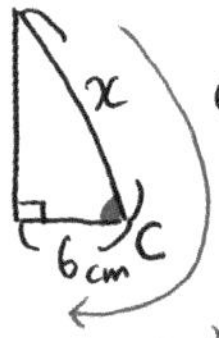

$\cos C=\frac{2}{3}$이므로

$\Rightarrow \frac{6}{x}=\frac{2}{3}$ (×3)

$\Rightarrow x=9\text{cm}$

(2)

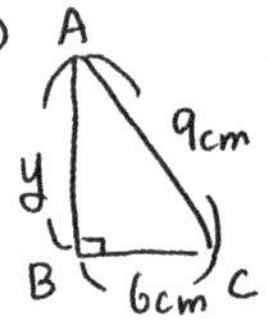

피타고라스 정리

$y^2+6^2=9^2$

$y^2+36=81$

$y^2=45$

$\Rightarrow y=\sqrt{45} \Rightarrow y=3\sqrt{5}\text{cm}$

(3)

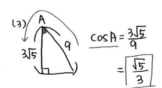

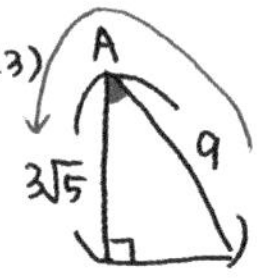

$\cos A=\frac{3\sqrt{5}}{9}$

$=\frac{\sqrt{5}}{3}$

답 (1) **9 cm**, (2) **$3\sqrt{5}$ cm**, (3) $\frac{\sqrt{5}}{3}$

난이도 ★★☆☆☆

1

다음 그림과 같은 삼각형 ABC에서 $\overline{AC}=8$이고 $\sin B=\frac{4}{5}$일 때, 다음 물음에 답하여라.

풀이 쓰기

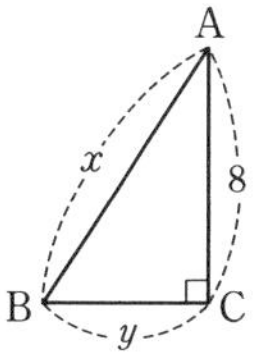

(1) x를 구하여라.

(2) y를 구하여라.

(3) $\cos B$의 값을 구하여라.

알아두면 좋아요

삼각비에는 sin(사인, sine), cos(코사인, cosine), tan(탄젠트, tangent)가 있어요. 알파벳 소문자 s, c, t의 필기체를 생각하면 쉽게 기억할 수 있을 거예요. 그림의 삼각비는 ∠A에 대한 삼각비예요.

① 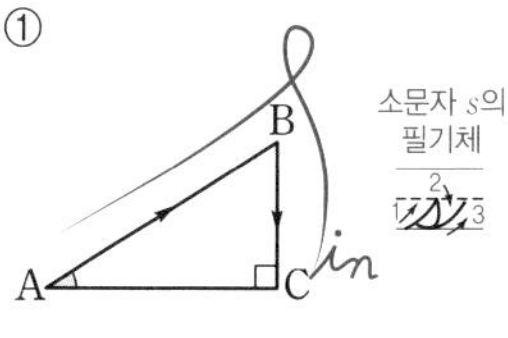

$\sin A=\frac{\overline{BC}}{\overline{AB}}$

② 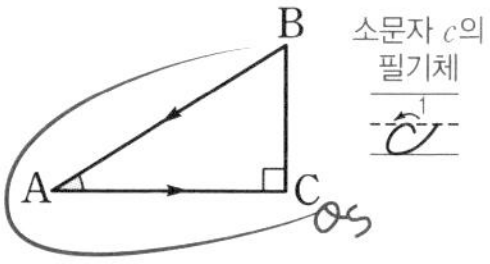

$\cos A=\frac{\overline{AC}}{\overline{AB}}$

③ 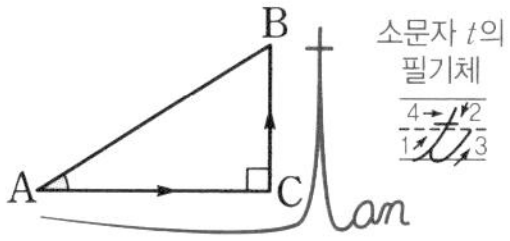

$\tan A=\frac{\overline{BC}}{\overline{AC}}$

V

삼각비

075 한 삼각비의 값을 이용하여 다른 삼각비의 값 구하기

∠B=90°인 직각삼각형 ABC에서

$\cos A = \frac{\sqrt{7}}{4}$ 일 때,

$\tan A \times \sin C$ 의 값을

구하여라.

∠B를 직각으로 하는 △ABC를 일단 그리자!

Tip

- 삼각비를 알면 피타고라스의 정리를 이용해서 세 변의 길이의 비율을 구할 수 있어요. 왜 '길이'가 아니고 '비율'이냐고요? 어떤 두 삼각형의 세 각이 같더라도 세 변의 길이는 다를 수 있기 때문이에요.

세 변의 길이는 서로 달라도 세 각의 크기는 서로 같으므로 삼각비가 같아요.

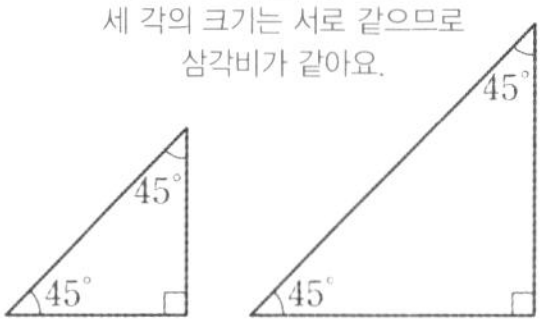

풀·이·쓰·기

직각△ABC를 대충 그려보자.

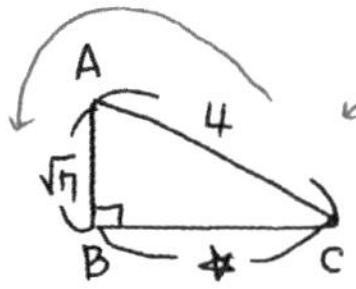

← 이렇게 되어야 $\cos A = \frac{\sqrt{7}}{4}$

여기에서 피타고라스정리를 쓰면 ☆을 구할 수 있다!

$\sqrt{7}^2 + ☆^2 = 4^2$ 이므로

$\Rightarrow 7 + ☆^2 = 16$

$☆^2 = 9$

$\therefore ☆ = 3$

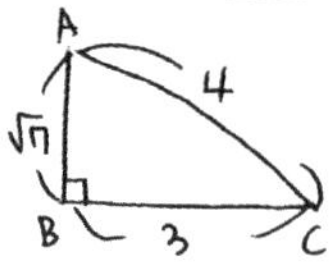

← 모든 길이 완성!

$\tan A = \frac{3}{\sqrt{7}}$, $\sin C = \frac{\sqrt{7}}{4}$

따라서,

$\tan A \times \sin C = \frac{3}{\sqrt{7}} \times \frac{\sqrt{7}}{4} = \boxed{\frac{3}{4}}$

답 $\frac{3}{4}$

난이도 ★★★☆☆

1

다음 그림과 같은 직각삼각형 ABC에서 $\cos B=\frac{\sqrt{2}}{3}$이고 $\overline{AB}=4$일 때, $\tan B\times\sin C$의 값은?

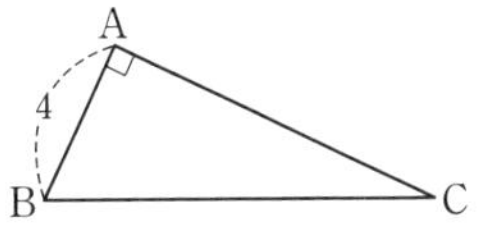

풀이 쓰기

Hint cos B의 값을 이용하여 $\overline{BC}$의 길이를 먼저 구할 수 있어요.

알아두면 좋아요

삼각비를 이용하여 삼각형의 변의 길이를 구해 볼까요?
직각삼각형 ABC에서 $\overline{BC}$의 길이 a와 $\tan A$의 값이 주어질 때, $\overline{AB}$, $\overline{AC}$의 길이는 다음과 같이 구할 수 있어요.

① **$\tan A$의 값을 이용하여 $\overline{AB}$의 길이를 구할 수 있다.**

$$\tan A=\frac{a}{\overline{AB}}$$

② **피타고라스의 정리를 이용하여 $\overline{AC}$의 길이를 구할 수 있다.**

$$(\overline{AB})^2+a^2=(\overline{AC})^2$$

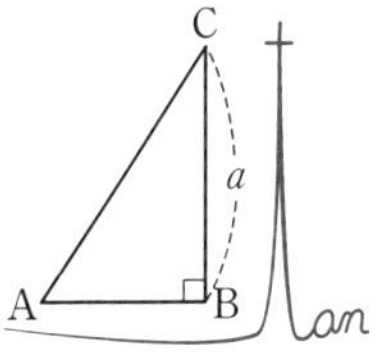

076 닮음을 이용한 삼각비의 값

다음 그림과 같이 $\angle BAC = 90°$인 직각 삼각형ABC에서 $\overline{AD} \perp \overline{BC}$, $\angle BAD = x$, $\angle CAD = y$ 일 때, $\sin x + \sin y$의 값을 구하여라.

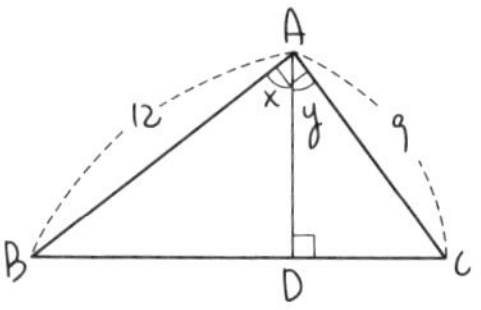

여기에서는 3개의 삼각형이 모두 닮음이야!

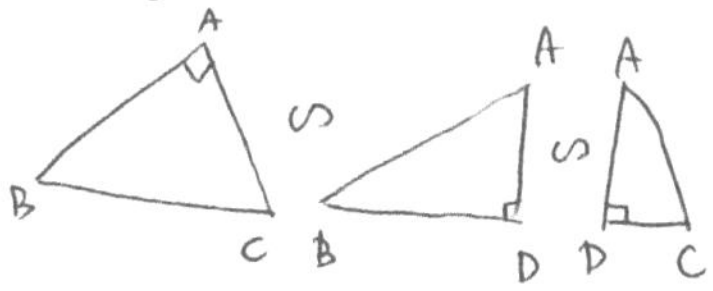

Tip

- 도형을 일정한 비율로 확대하거나 축소하여 다른 한 도형과 합동일 때, 두 도형은 닮음인 관계 또는 닮은 도형이라고 하고, 닮음 기호(∽)를 이용해서 나타내요.

풀·이·쓰·기

①

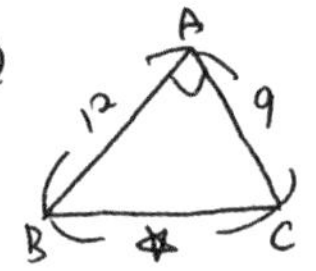

피타고라스의 정리

$★^2 = 12^2 + 9^2$

$★^2 = 144 + 81$

$★^2 = 225$

$★ = 15$

② 닮음인 세 삼각형을 분리

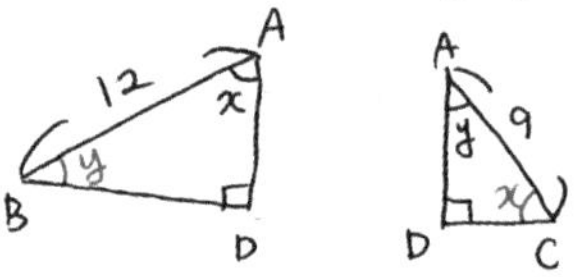

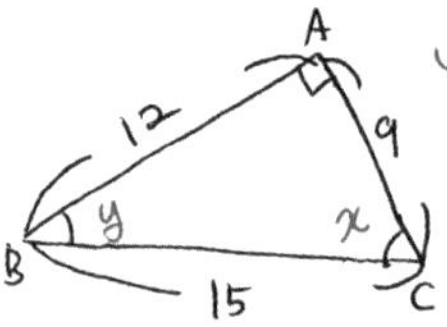

∽ 닮음인 도형은 대응각 크기가 같으니까

③

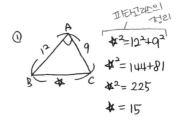

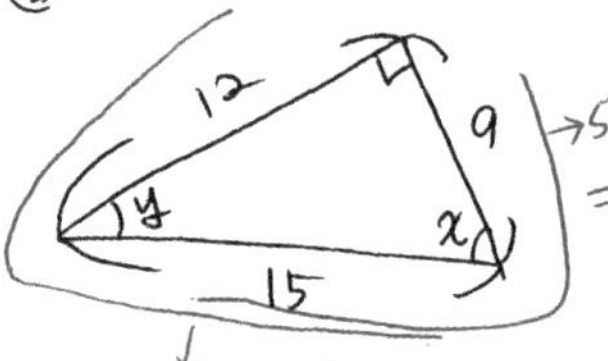

$\to \sin y = \frac{9}{15}$

$\sin x = \frac{12}{15}$

$\Rightarrow \sin x + \sin y = \frac{12}{15} + \frac{9}{15}$

$= \frac{21}{15} = \boxed{\frac{7}{5}}$

답 $\frac{7}{5}$

난이도 ★★★★☆

1

다음 그림과 같이 $\angle BAC=90°$인 직각삼각형 ABC에서 $\overline{AD}\perp\overline{BC}$, $\angle BAD=x$일 때, $\sin x-\cos x$의 값을 구하여라.

풀이 쓰기

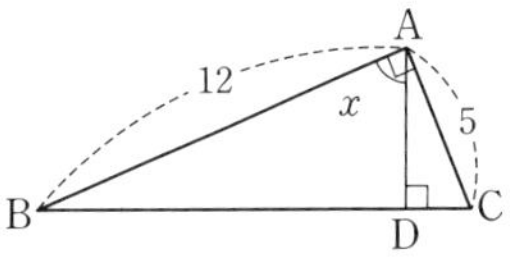

Hint 닮음을 이용하면 △ABC에서 ∠x의 크기가 같은 곳을 찾을 수 있어요. 직각삼각형 ABC에서 ∠x와 크기가 같은 곳은 어디일까요?

알아두면 좋아요

다음과 같이 직각삼각형은 3개의 닮은 관계인 직각삼각형으로 이루어져 있어요. 세 삼각형이 닮은 관계이므로 삼각비도 같답니다.

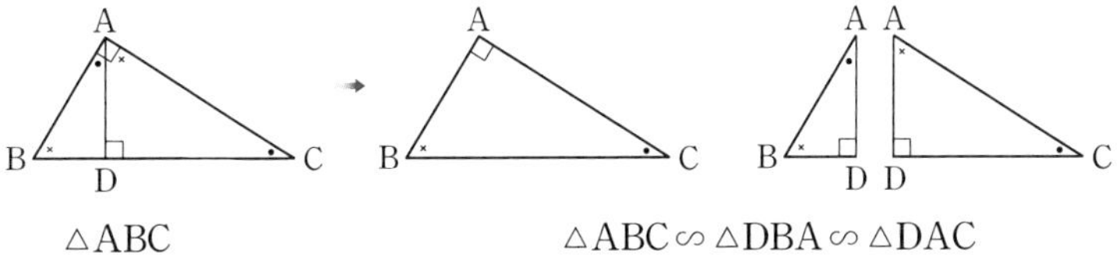

V 삼각비

077 좌표평면에서의 삼각비

일차함수 $y=2x-6$의 그래프가 y축의 양의 방향과 이루는 각을 a라 할 때, $\sin a \times \cos a \times \tan a$의 값을 구하여라.

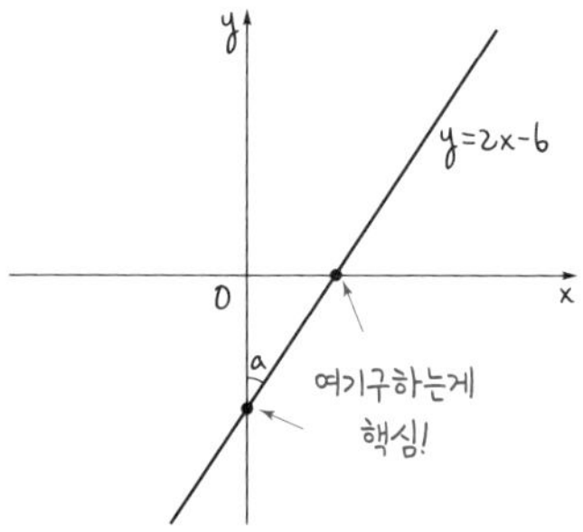

! Tip

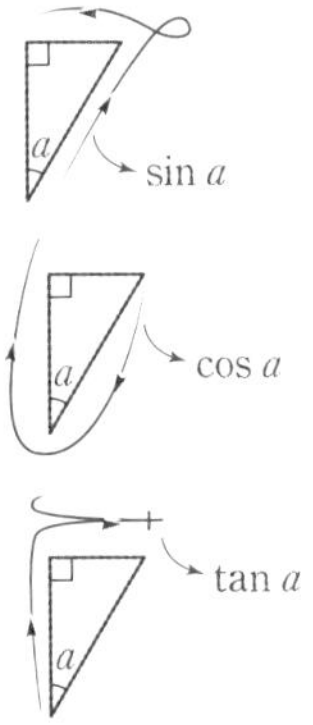

풀·이·쓰·기

① 그래프가 x축, y축과 만나는 점을 구해보자.

⇒ x축과 만나는 점, $y=0$일 때

$y=2x-6$에서 (y ← 0)

$0=2x-6$ ⇒ $x=3$

⇒ y축과 만나는 점, $x=0$일 때

$y=-6$

②

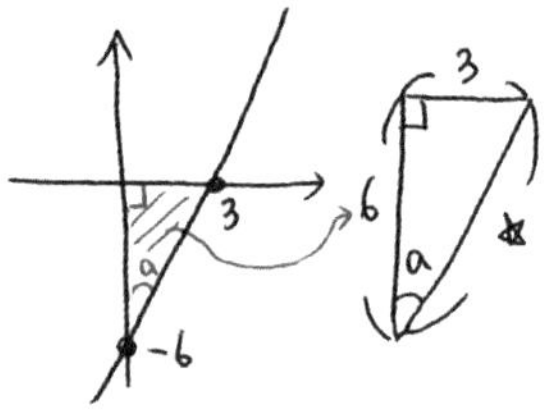

$☆^2 = 3^2+6^2 = 9+36 = 45$

$☆ = \sqrt{45} = 3\sqrt{5}$

③

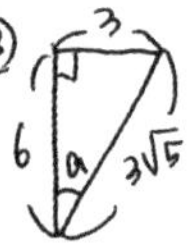

$\sin a = \frac{3}{3\sqrt{5}} = \frac{1}{\sqrt{5}}$

$\cos a = \frac{6}{3\sqrt{5}} = \frac{2}{\sqrt{5}}$

$\tan a = \frac{3}{6} = \frac{1}{2}$

$\therefore \frac{1}{\sqrt{5}} \times \frac{2}{\sqrt{5}} \times \frac{1}{2} = \frac{1}{5}$

답 $\frac{1}{5}$

난이도 ★★★☆☆

1

일차함수 $y=-3x+6$의 그래프가 x축의 음의 방향과 이루는 각을 a라 할 때, $\sin a \times \tan a$의 값을 구하여라.

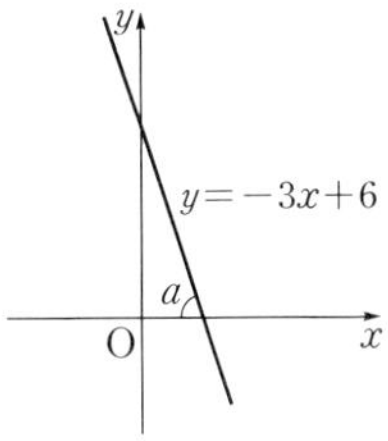

Hint x축, y축과 만나는 점을 먼저 구한 뒤, 직각삼각형의 세 변의 길이를 구해요.

풀이 쓰기

2

일차방정식 $3x-4y+12=0$의 그래프가 x축과 이루는 예각의 크기를 a라고 할 때, $\sin a+\cos a$의 값을 구하여라.

Hint 일차방정식을 $y=ax+b$의 꼴로 변형한 뒤, 그래프를 그려서 문제를 풀어요.

풀이 쓰기

알아두면 좋아요

좌표평면에서의 삼각비에 대한 문제를 풀이할 때, 삼각형을 이루는 좌표의 값이 음수가 나오더라도 '길이'의 개념이므로 양수로 변환해야 해요.

V

삼각비

078 30°, 45°, 60°의 삼각비는 꼭 외워야 해요

다음 물음에 답하여라.

(1) $\sin 60° \div (\tan 45° - \cos 60°)$ 의 값은?

(2) $\sin(x+15°) = \frac{\sqrt{2}}{2}$ 일 때, $\cos x \times \tan 2x$ 의 값은?

sin (몇도) 였을때 $\frac{\sqrt{2}}{2}$ 였더라?

후보는 30°, 45°, 60° 뿐!

Tip

• 30°, 45°, 60°의 삼각비는 삼각비를 다루는 문제에서 자주 활용되는 각도예요. 기억하고 있으면 반드시 도움이 되는 삼각비랍니다.

풀·이·쓰·기

(1) $\sin 60° \div (\tan 45° - \cos 60°)$

$\sin 60° = \frac{\sqrt{3}}{2}$, $\tan 45° = 1$, $\cos 60° = \frac{1}{2}$

$= \frac{\sqrt{3}}{2} \div \left(1 - \frac{1}{2}\right)$ 간단한 뺄셈♡

$= \frac{\sqrt{3}}{2} \div \frac{1}{2} = \frac{\sqrt{3}}{2} \times 2 = \boxed{\sqrt{3}}$

(2) $\sin 45° = \frac{\sqrt{2}}{2}$ 이므로

↳ 이건 외우고 있어야 해용

$\Rightarrow \sin(x+15°) = \frac{\sqrt{2}}{2}$

$\Rightarrow x+15° = 45°$ 라는 것!

$\therefore x = 30°$

$\cos x \times \tan 2x$

$= \cos 30° \times \tan 60°$ 이므로

$= \frac{\sqrt{3}}{2} \times \sqrt{3} = \boxed{\frac{3}{2}}$

답 (1) $\sqrt{3}$, (2) $\frac{3}{2}$

난이도 ★★☆☆☆

1

sin 30° × tan 60° ÷ cos 45°의 값을 구하여라.

풀이 쓰기

2

$\sin 2x = \cos 30°$일 때, $\tan x \div \cos(x+15°)$의 값을 구하여라.

풀이 쓰기

Hint $\sin 2x = \cos 30° = \frac{\sqrt{3}}{2}$이죠? sin의 값이 몇 도일 때 $\frac{\sqrt{3}}{2}$인지 알아낸다면 x의 값을 구할 수 있어요.

알아두면 좋아요

30°, 45°, 60°의 삼각비의 값을 알아 보아요.

삼각비 \ A	30°	45°	60°	
				→ 각이 커질수록
$\sin A$	$\frac{1}{2}$	$\frac{\sqrt{2}}{2}$	$\frac{\sqrt{3}}{2}$	→ 값이 증가해요.
$\cos A$	$\frac{\sqrt{3}}{2}$	$\frac{\sqrt{2}}{2}$	$\frac{1}{2}$	→ 값이 감소해요.
$\tan A$	$\frac{\sqrt{3}}{3}$	1	$\sqrt{3}$	→ 값이 증가해요.

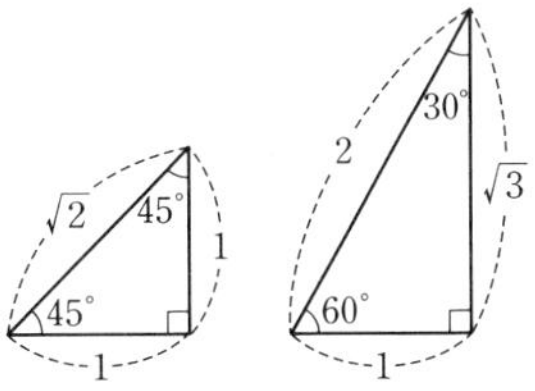

079 30°, 45°, 60°의 삼각비를 활용해요

다음 그림의 △ABC에서 $\angle B=60°$, $\angle C=45°$, $\overline{BD}=2$, $\overline{AD}\perp\overline{BC}$ 이다. 이때, x, y의 값을 각각 구하여라.

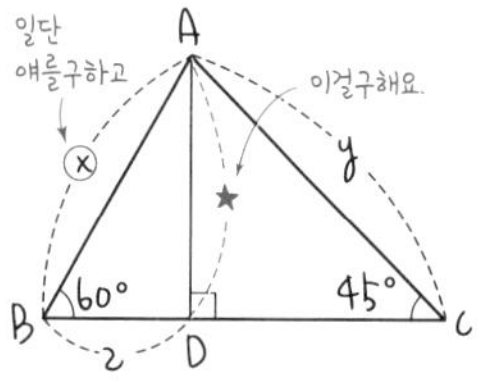

풀·이·쓰·기

①

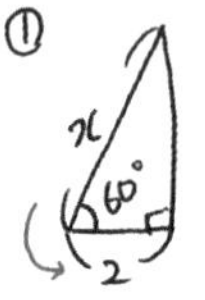

$\cos 60° = \frac{2}{x}$

↓ 이건 외우고 있지!

$\frac{1}{2} = \frac{2}{x} \Rightarrow \boxed{x=4}$

②

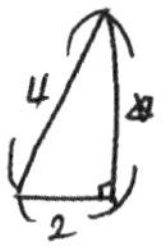

★$^2+2^2=4^2$

★$^2+4=16$

★$^2=12$

★$=\sqrt{12}=2\sqrt{3}$

③

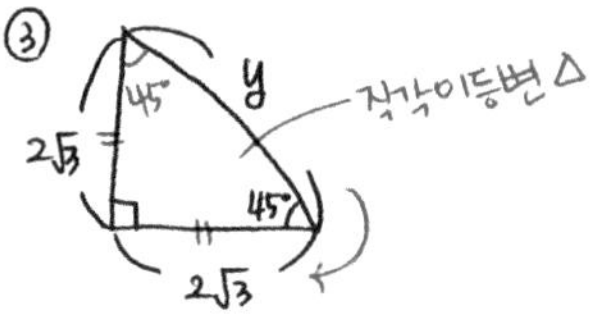

$\cos 45° = \frac{2\sqrt{3}}{y} = \frac{\sqrt{2}}{2}$

$\Rightarrow \sqrt{2}y = 4\sqrt{3}$

$y = \frac{4\sqrt{3}}{\sqrt{2}}$) 양변 $\sqrt{2}$로 나눔

) 분모유리화

$y = \frac{4\sqrt{3}\times\sqrt{2}}{\sqrt{2}\times\sqrt{2}} = \frac{4\sqrt{6}}{2} = \boxed{2\sqrt{6}}$

답 $x=4$, $y=2\sqrt{6}$

Tip

- 문제의 풀이 ③은 피타고라스의 정리를 이용해서도 풀이할 수 있어요.

$y^2=(2\sqrt{3})^2+(2\sqrt{3})^2$

$y^2=12+12=24$

$y=\sqrt{24}=2\sqrt{6}$

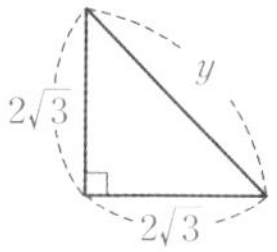

난이도 ★★★★☆

1

다음 그림의 $\triangle$ABC에서 $\angle B=45°$, $\angle C=30°$, $\overline{CD}=4$, $\overline{AC}\perp\overline{BC}$이다. 이때, x, y의 값을 각각 구하여라.

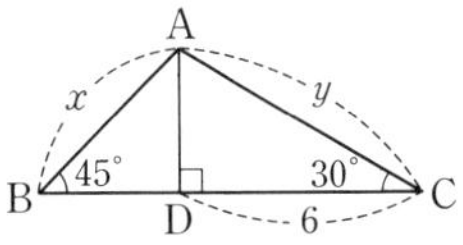

풀이 쓰기

Hint 이번에는 sin 30°의 값을 이용해서 y의 값을 먼저 구해요.

V
삼각비

알아두면 좋아요

0°와 90°의 삼각비도 있다는 것을 알고 계셨나요? 한번 알아 볼까요?

삼각비 / A	sin A	cos A	tan A
0°	0	1	0
90°	1	0	정의할 수 없음

0°에 점점 가까워지면 빗변과 밑변은 점점 비슷해지고 높이는 0에 가까워지겠죠?

90°에 점점 가까워지면 빗변과 높이는 점점 비슷해지고 밑변은 0에 가까워지겠죠?

080 삼각비의 대소관계를 이용하여 근호를 벗어나자

$0° < x < 45°$ 일때,

다음을 간단히 하여라.

(1) $\sqrt{(\sin x - \cos x)^2}$

(2) $\sqrt{(\sin x + 1)^2} + \sqrt{(\sin x - 1)^2}$

Tip

- 다양한 각도의 범위에서 $\sin x$, $\cos x$, $\tan x$의 대소관계

  ① $0 \leq x \leq 45°$ ➞ $\sin x < \cos x$

  ② $x = 45°$ ➞ $\sin x = \cos x < \tan x$

  ③ $45° < x < 90°$ ➞ $\cos x < \sin x < \tan x$

풀·이·쓰·기

(1) $0° \leq x < 45°$ 에서는

$\sin x < \cos x$ 이므로

$\Rightarrow \sqrt{(\sin x - \cos x)^2}$

음수 ⊖ 이다.

√ 빠져나올때 부호바뀌나옴

$-(\sin x - \cos x)$

$\Rightarrow$ $\boxed{-\sin x + \cos x}$

(2) $0° \leq x \leq 90°$ 에서

$0 \leq \sin x \leq 1$ 이므로

$\Rightarrow \sqrt{(\sin x + 1)^2} + \sqrt{(\sin x - 1)^2}$

⊕ ⊖

$\Rightarrow (\sin x + 1) - (\sin x - 1)$

$\Rightarrow \sin x + 1 - \sin x + 1 = \boxed{2}$

답 (1) $-\sin x + \cos x$, (2) 2

지연쌤의 SNS

☑ 0°에서 90°까지 삼각비의 값은 어떻게 변화할까요?

① sin의 값은 각이 커질수록 0에서 1까지 증가해요.

② cos의 값은 각이 커질수록 값은 1에서 0까지 감소해요.

③ tan의 값은 각이 커질수록 0에서 계속 증가하지만 tan 90°은 정의할 수 없어요.

난이도 ★★★★☆

1

x의 값의 범위가 $45° < x < 90°$일 때, 다음을 간단히 하여라.

✎ 풀이 쓰기

(1) $\sqrt{(\tan x - \tan 45°)^2}$

(2) $\sqrt{(\cos x - \sin x)^2} - \sqrt{\sin^2 x}$

2

다음 삼각비의 값을 작은 것부터 차례대로 나열하여라.

✎ 풀이 쓰기

$\cos 0° \quad \tan 80° \quad \sin 40° \quad \tan 70°$

Hint $\tan 45°$의 값은 1이에요. 각이 계속 커질 때 tan의 값은 어떻게 변화할까요?

알아두면 좋아요

다음 사분원과 삼각비 그림을 보면 sin, cos, tan를 한눈에 알아볼 수 있어요.

① $\sin x = \dfrac{\overline{BD}}{\overline{AD}} = \dfrac{\overline{BD}}{1} = \overline{BD} = \cos y$

② $\cos x = \dfrac{\overline{AB}}{\overline{AD}} = \dfrac{\overline{AB}}{1} = \overline{AB} = \sin y$

③ $\tan x = \dfrac{\overline{CE}}{\overline{AC}} = \dfrac{\overline{CE}}{1} = \overline{CE}$

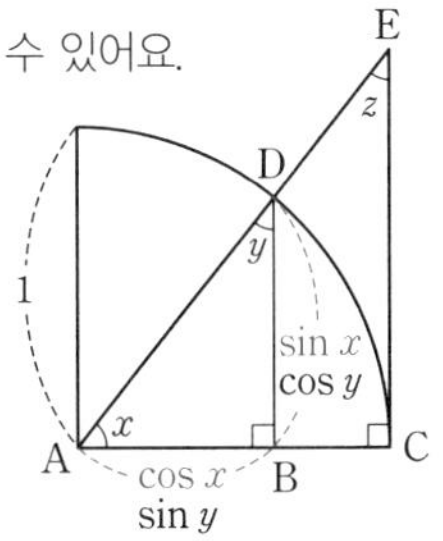

V
삼각비

081 도형에서의 삼각비 활용

다음 그림에서 x값을 구하여라.

(1)

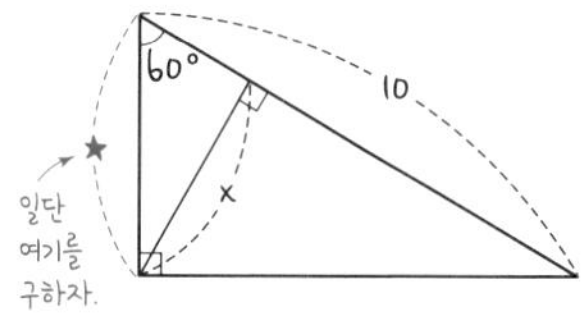

(2)

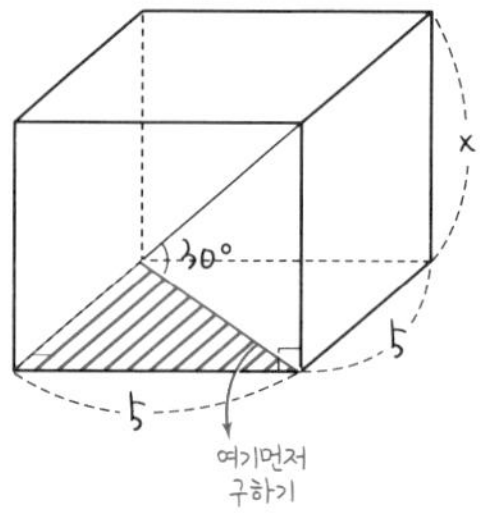

Tip

① ∠B의 크기와 빗변 AB의 길이 c를 알 때, $a=c\cos B$, $b=c\sin B$이다.

② ∠B의 크기와 변 BC의 길이 a를 알 때, $b=a\tan B$, $c=\dfrac{a}{\cos B}$이다.

③ ∠B의 크기와 변 AC의 길이 b를 알 때, $a=\dfrac{b}{\tan B}$, $c=\dfrac{b}{\sin B}$이다.

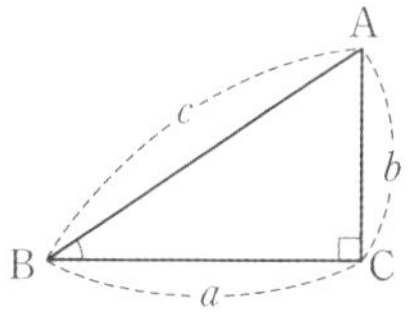

풀·이·쓰·기

(1)

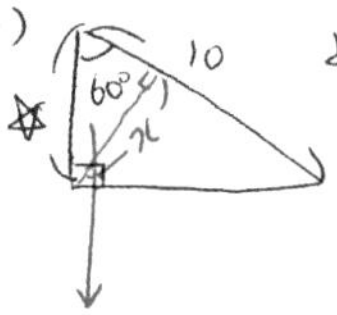

☆ $=10\cos 60°$

$=10\times\dfrac{1}{2}$

$=5$

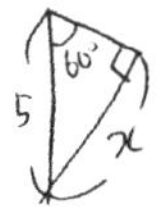

$x=5\sin 60°$

$=5\times\dfrac{\sqrt{3}}{2}$

$=\dfrac{5\sqrt{3}}{2}$

(2)

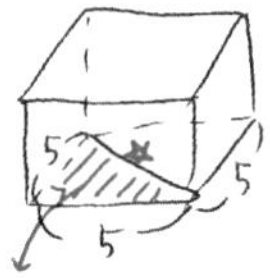

$☆^2=5^2+5^2=25+25=50$

☆ $=\sqrt{50}=5\sqrt{2}$

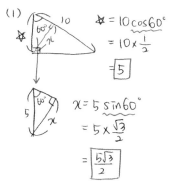

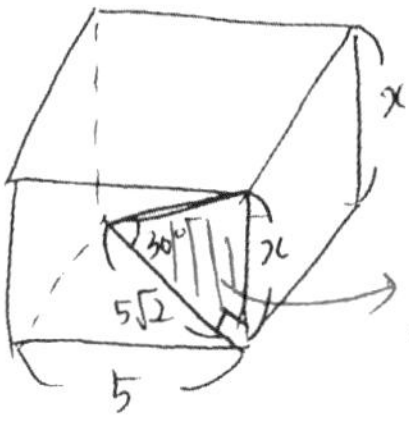

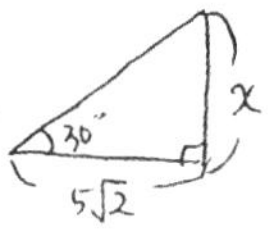

$\Rightarrow x=5\sqrt{2}\tan 30°$

$=5\sqrt{2}\times\dfrac{\sqrt{3}}{3}$

$=\dfrac{5\sqrt{6}}{3}$

답 (1) $\dfrac{5\sqrt{3}}{2}$, (2) $\dfrac{5\sqrt{6}}{3}$

난이도 ★★★☆☆

1

다음 그림에서 x의 값을 구하여라.

✎ 풀이 쓰기

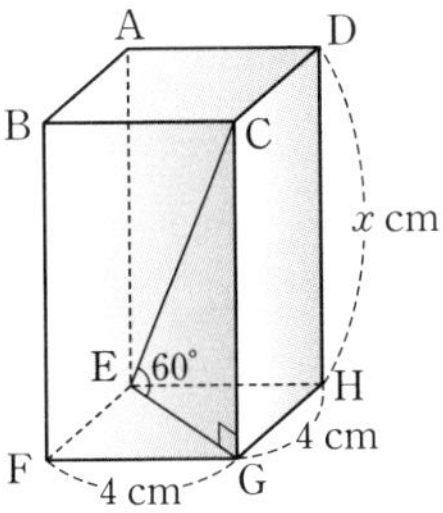

2

다음 삼각기둥의 부피를 구하여라.

✎ 풀이 쓰기

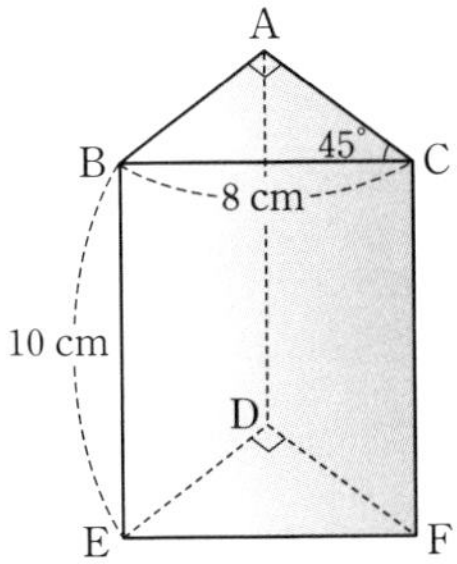

Hint 기둥의 부피는 (밑넓이)×(높이)예요. 밑넓이를 구하려면 $\overline{AB}$, $\overline{AC}$의 길이를 알아야겠죠?

V
삼각비

082 삼각형의 변의 길이 구하기 1 (두 변의 길이와 그 끼인각)

다음 그림에서 x값을 구하여라.

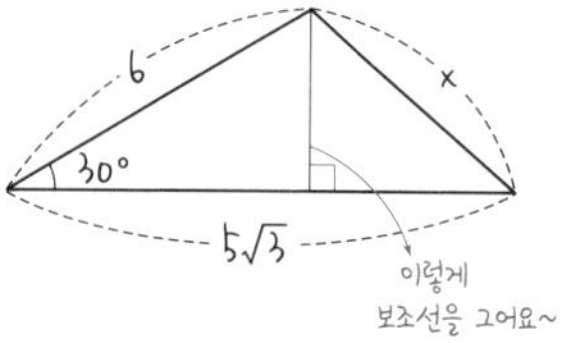

풀·이·쓰·기

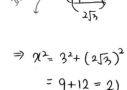

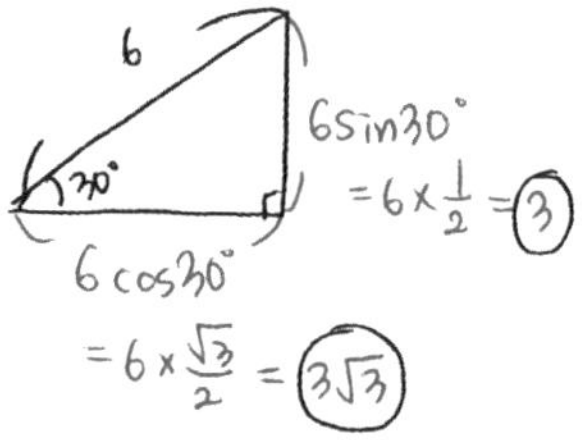

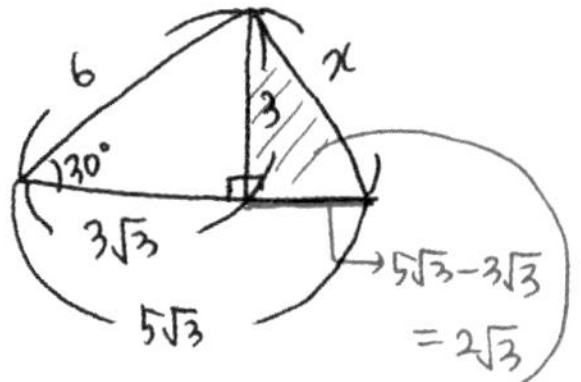

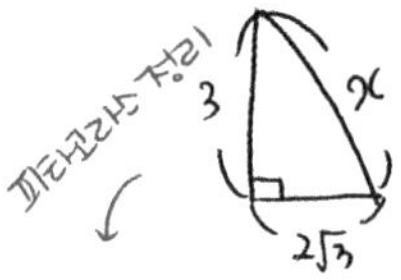

$\Rightarrow x^2 = 3^2 + (2\sqrt{3})^2$

$= 9 + 12 = 21$

$\Rightarrow$ $x = \sqrt{21}$

Tip

- 위 문제를 공식으로 풀어 볼까요?

$$x=\sqrt{(6\sin 30^\circ)^2+(5\sqrt{3}-6\cos 30^\circ)^2}$$
$$=\sqrt{\left(6\times\frac{1}{2}\right)^2+\left(5\sqrt{3}-6\times\frac{\sqrt{3}}{2}\right)^2}$$
$$=\sqrt{3^2+(2\sqrt{3})^2}=\sqrt{9+12}$$
$$=\sqrt{21}$$

어때요? 풀이는 더 짧아 보이지만 복잡해 보이기도 하고 떠올리기 힘들기도 할 거예요. 그래서 이런 유형은 공식을 외우기보다는 꼭 원리를 이해하고 있어야 한답니다.

답 $\sqrt{21}$

난이도 ★★☆☆☆

1

다음 그림에서 x의 값을 구하여라.

✎ 풀이 쓰기

(1)

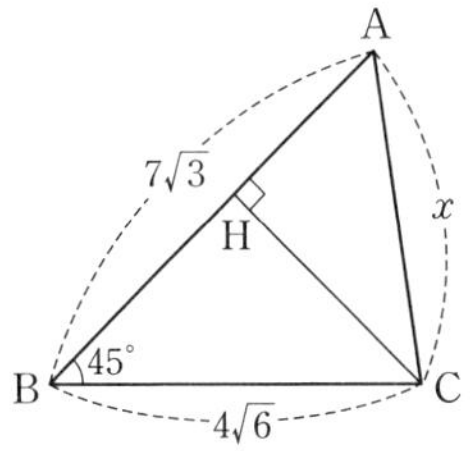

(2)

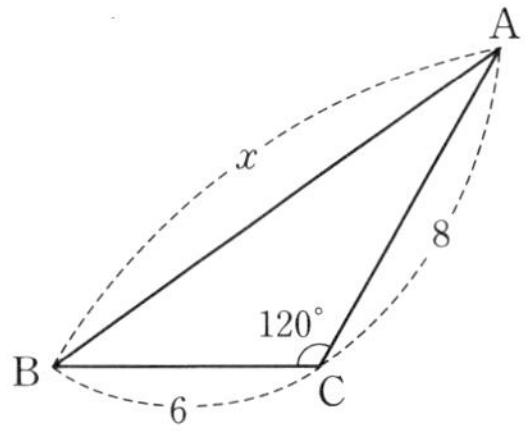

Hint 이렇게 보조선을 그어 문제를 풀어 보세요.

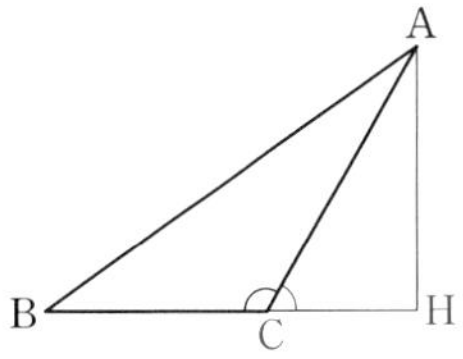

V
삼각비

083 삼각형의 변의 길이 구하기 2 (한 변의 길이와 양 끝각)

다음 그림에서 x값을 구하여라.

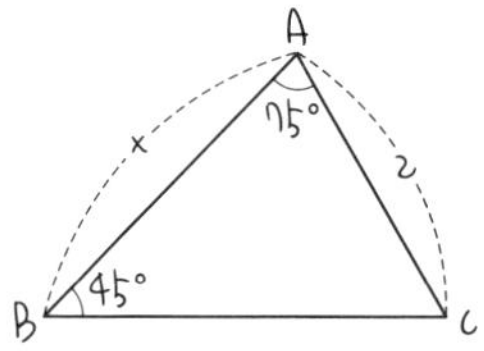

Tip

- 삼각형에서 삼각비를 활용하려면 꼭 직각삼각형이 필요해요! 보조선을 잘 그려서 삼각형에 숨어 있는 직각삼각형을 찾아 보세요.

풀·이·쓰·기

일단, ∠C의 크기는

$\angle C = 180° - (75° + 45°) = 60°$

보조선을 그어보자!

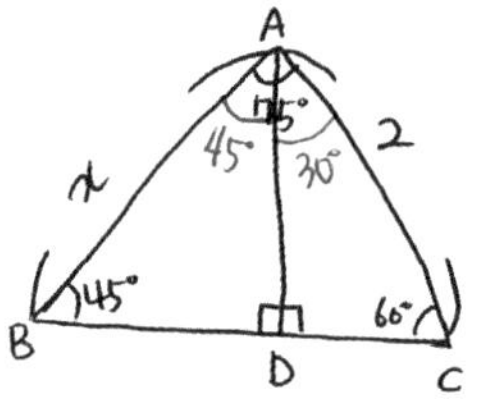

△ADC 만 뽑아오면

$\cos 30° = \frac{\overline{AD}}{2} = \frac{\sqrt{3}}{2}$ 이므로

$\overline{AD} = \sqrt{3}$

△ABD 만 뽑아오면

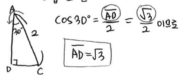

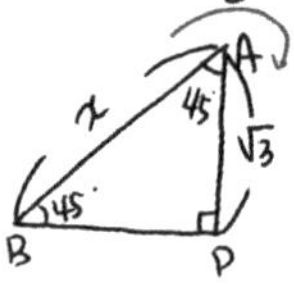

$\cos 45° = \frac{\sqrt{3}}{x} = \frac{\sqrt{2}}{2}$

$\sqrt{2}x = 2\sqrt{3}$

$x = \frac{2\sqrt{3}}{\sqrt{2}} = \frac{2\sqrt{6}}{2} = \sqrt{6}$

유리화

답 $\sqrt{6}$

난이도 ★★★★☆

1

다음 그림에서 x의 값을 구하여라.

풀이 쓰기

(1)

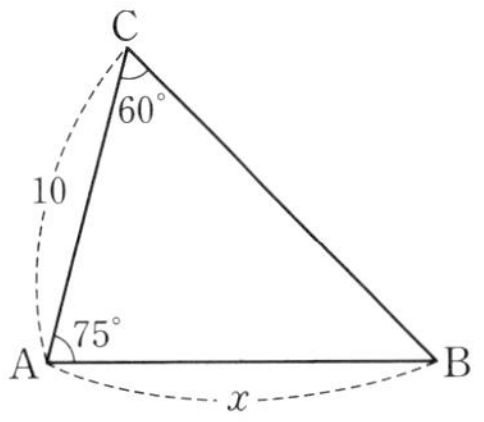

Hint 이렇게 보조선을 그어 주면 $\angle A$가 30°와 45°로 나뉘어요.

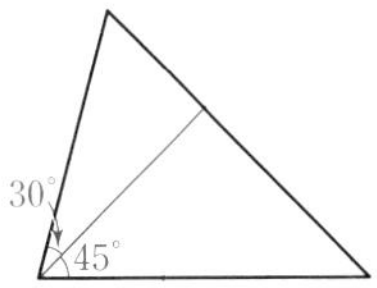

(2)

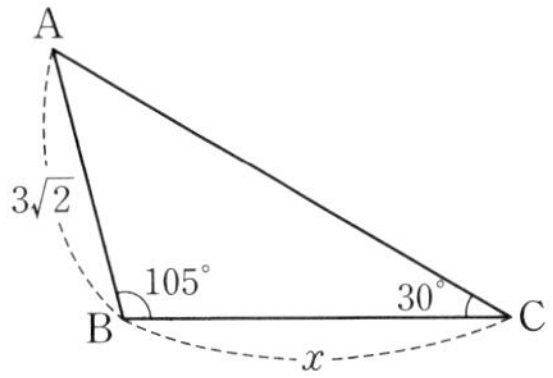

Hint 이렇게 보조선을 그어 주면 $\angle A$가 45°라는 것을 알 수 있어요.

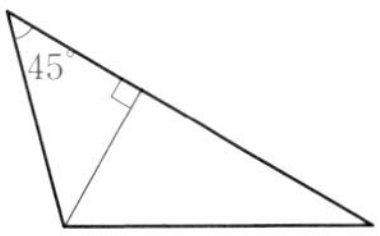

V
삼각비

084 삼각비를 이용하여 삼각형의 높이의 길이 구하기

다음 주어진 삼각형의 높이를 구하여라.

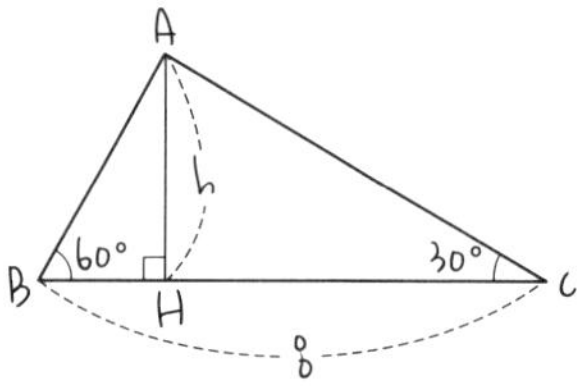

풀·이·쓰·기

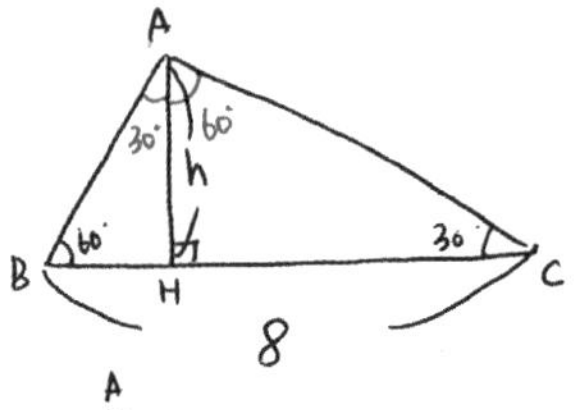

$\overline{BH}=h\tan 30°=\frac{\sqrt{3}}{3}h$

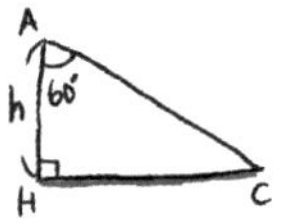

$\overline{CH}=h\tan 60°=\sqrt{3}h$

$\Rightarrow \overline{BH}+\overline{CH}=8$ 이므로

$\frac{\sqrt{3}}{3}h+\sqrt{3}h=8$

$\frac{4\sqrt{3}}{3}h=8 \rightarrow h=8\times\frac{3}{4\sqrt{3}}$

$h=\frac{6}{\sqrt{3}}=\frac{6\sqrt{3}}{3}=2\sqrt{3}$

답 $2\sqrt{3}$

지연쌤의 SNS

☑ 예각삼각형과 둔각삼각형의 높이는 어떻게 구해야 하나요?

$\triangle ABC$에서 $\overline{BC}$의 길이 a와 $\angle B$, $\angle C$의 크기를 알 때, $\triangle ABC$의 높이의 길이는 다음과 같아요.

① $\overline{BH}$, $\overline{CH}$의 길이를 h에 대한 식으로 나타낸다.

➡ $\overline{BH}=h\tan x$, $\overline{CH}=h\tan y$

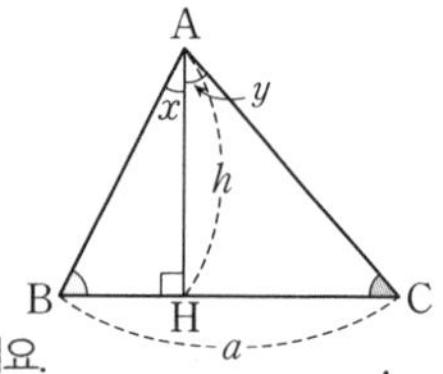

② (1) 예각삼각형이면, $\overline{BH}+\overline{CH}=a$이므로 $h(\tan x+\tan y)=a$예요.

$\therefore h=\frac{a}{\tan x+\tan y}$

(2) 둔각삼각형이면, $\overline{BH}-\overline{CH}=a$이므로 $h(\tan x-\tan y)=a$예요.

$\therefore h=\frac{a}{\tan x-\tan y}$

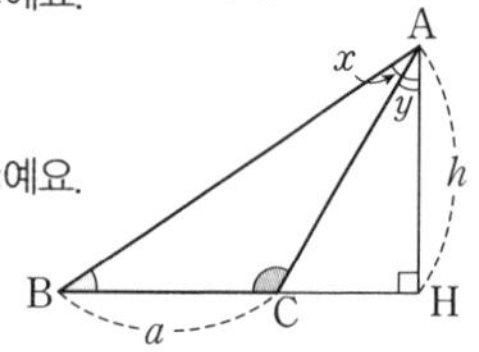

난이도 ★★★☆☆

1

다음 주어진 삼각형에서 h의 값을 구하여라.

풀이 쓰기

(1)

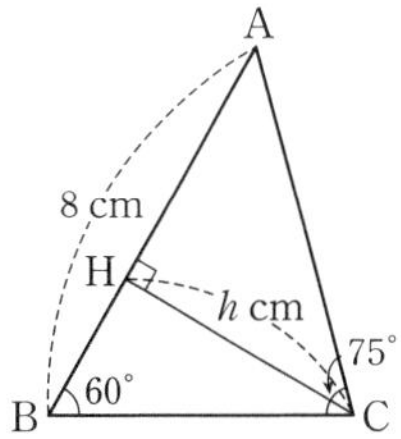

Hint 먼저 $\angle A$의 값을 구하고, $\overline{AB}=\overline{AH}+\overline{BH}$임을 이용해요.

(2)

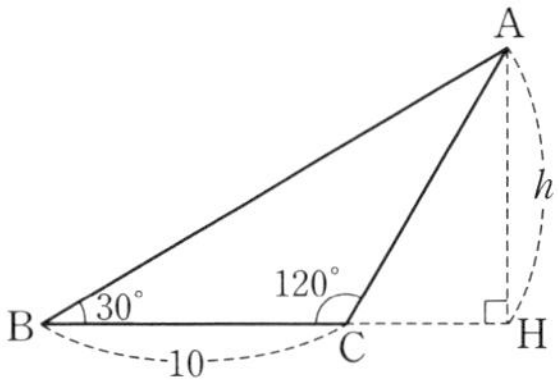

Hint $\overline{BC}=\overline{BH}-\overline{CH}$임을 이용해요.

085 삼각비를 이용하여 삼각형의 넓이 구하기

다음 주어진 삼각형의 넓이를 구하여라.

(1)

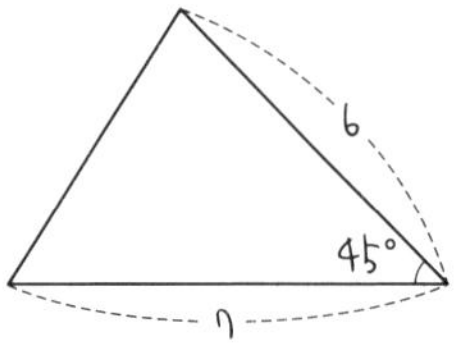

(2)

Tip

- 풀이의 넓이 공식을 이용하면 쉽게 문제를 풀 수 있지만 어떤 원리로 문제를 푸는지 꼭 알고 있어야 해요.

풀·이·쓰·기

(1) 예각 △의 넓이 공식

$S=\frac{1}{2}ab\sin x$

$\therefore$ 넓이$(S)=\frac{1}{2}\times6\times7\times\sin45°$

$=\frac{1}{2}\times6\times7\times\frac{\sqrt{2}}{2}$

$=\boxed{\frac{21\sqrt{2}}{2}}$

(2) 둔각 △의 넓이 공식

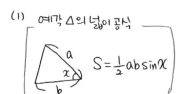

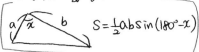

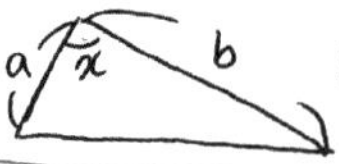

$S=\frac{1}{2}ab\sin(180°-x)$

$\therefore$ 넓이$=\frac{1}{2}\times3\times10\times\sin(180°-150°)$

$=\frac{1}{2}\times3\times10\times\sin30°$

$=\frac{1}{2}\times3\times10\times\frac{1}{2}$

$=\boxed{\frac{15}{2}}$

답 (1) $\frac{21\sqrt{2}}{2}$, (2) $\frac{15}{2}$

난이도 ★★☆☆☆

1

다음 삼각형의 넓이를 구하여라.

풀이 쓰기

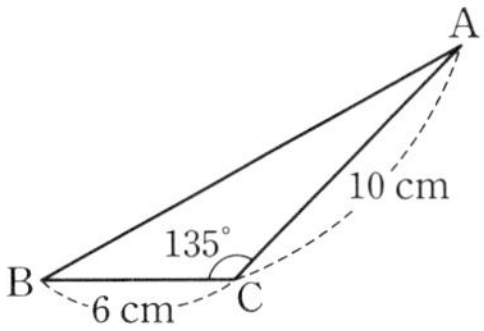

2

다음 그림과 같은 삼각형 ABC의 넓이가 $20\sqrt{3}\ \text{cm}^2$일 때, $\overline{\text{AB}}$의 길이를 구하여라.

풀이 쓰기

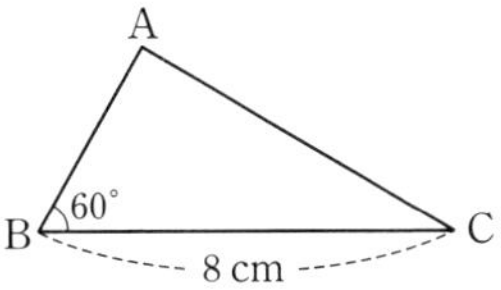

Hint $\overline{\text{AB}}$의 길이를 x라 하고 넓이 공식을 그대로 적용해요.

알아두면 좋아요

다음의 두 공식은 외워두면 아주 좋은 중요한 공식이에요.

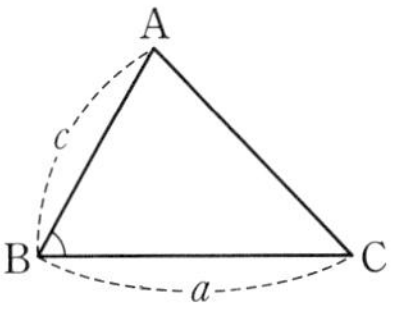

예각일 때

$\triangle\text{ABC}=\frac{1}{2}ac\sin B$

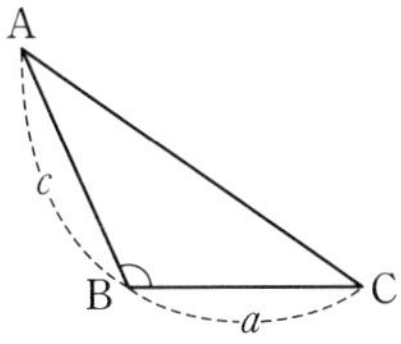

둔각일 때

$\triangle\text{ABC}=\frac{1}{2}ac\sin(180°-B)$

V 삼각비

086 삼각비를 이용하여 사각형의 넓이 구하기

다음 사각형의 넓이를 구하여라.

(1)

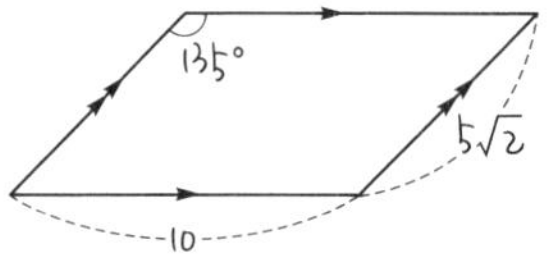

(2)

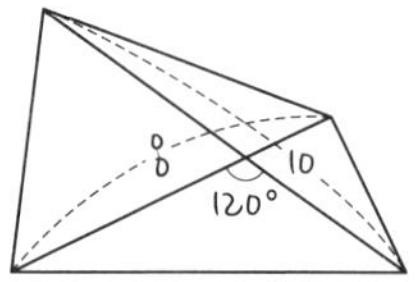

풀·이·쓰·기

(1) 평행사변형 넓이공식

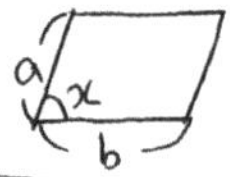

$S = ab\sin x$

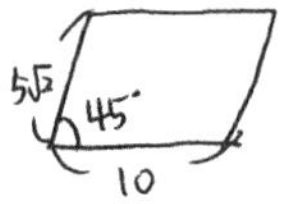

$S = 10 \times 5\sqrt{2} \times \sin 45°$

$= \overset{5}{\cancel{10}} \times 5\sqrt{2} \times \dfrac{\sqrt{2}}{\cancel{2}}$

$= 25 \times 2 = \boxed{50}$

(2) 사각형의 대각선 공식

$S = \dfrac{1}{2}ab\sin x$ (예각)

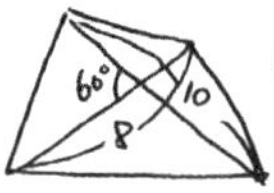

$S = \dfrac{1}{2} \times 8 \times 10 \times \sin 60°$

$= \dfrac{1}{\cancel{2}} \times \overset{2}{\cancel{8}} \times 10 \times \dfrac{\sqrt{3}}{\cancel{2}}$

$= \boxed{20\sqrt{3}}$

답 (1) **50**, (2) **$20\sqrt{3}$**

지연쌤의 SNS

삼각비를 이용해서 사각형의 넓이를 구할 수도 있나요?

① 평행사변형 ABCD의 이웃하는 두 변의 길이가 a, b이고 그 끼인 각 x가 예각일 때, 넓이 S는 $S=ab\sin x$이다.

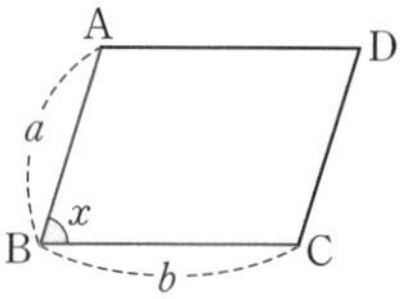

② □ABCD의 두 대각선의 길이가 a, b이고 두 대각선이 이루는 각 x가 예각일 때, 넓이 S는 $S=\dfrac{1}{2}ab\sin x$이다.

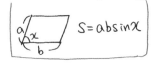

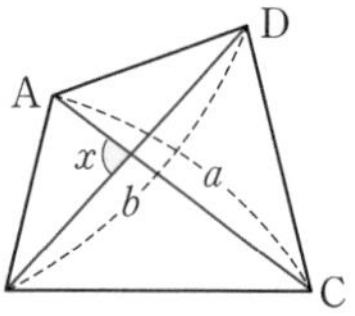

난이도 ★★★☆☆

1

다음 주어진 마름모 ABCD의 넓이를 구하여라.

풀이 쓰기

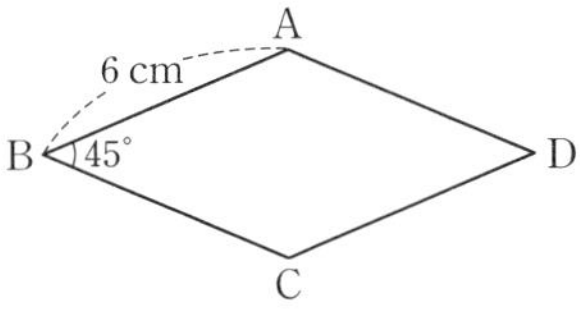

Hint 마름모는 모든 변의 길이가 같아요.

2

다음 주어진 사각형 ABCD의 넓이를 구하여라.

풀이 쓰기

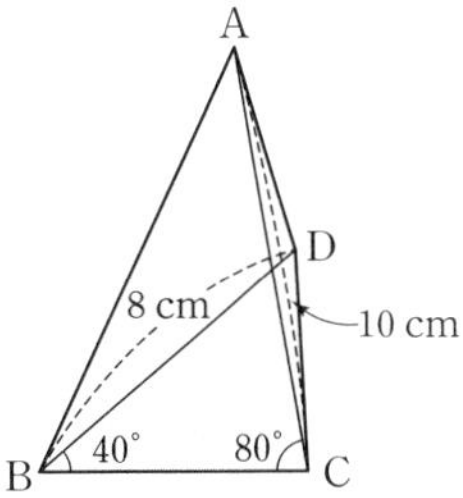

Hint 다음의 삼각형 부분을 보면 두 대각선이 이루는 각의 크기를 알 수 있어요.

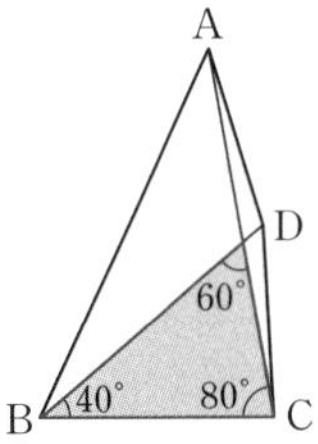

V 삼각비

쌤의 수학 읽을거리

삼각비 공식! 핵심 찰칵!

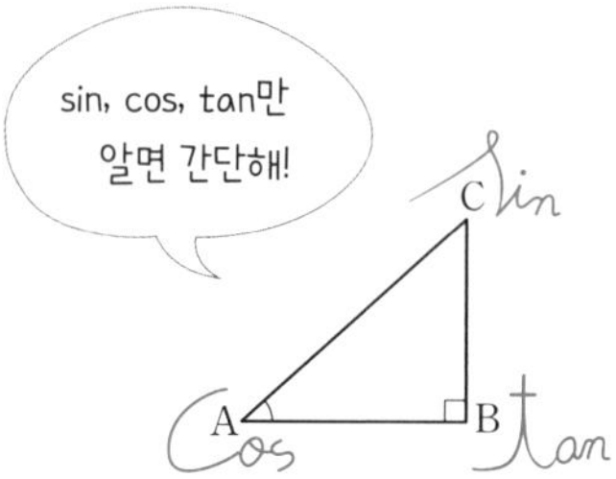

$\sin A=\dfrac{\overline{CD}}{\overline{AC}}$

$\cos A=\dfrac{\overline{AB}}{\overline{AC}}$

$\tan A=\dfrac{\overline{BC}}{\overline{AB}}$

삼각비 \ A	30°	45°	60°	→ 각이 커질수록
$\sin A$	$\frac{1}{2}$	$\frac{\sqrt{2}}{2}$	$\frac{\sqrt{3}}{2}$	→ 값이 증가해요.
$\cos A$	$\frac{\sqrt{3}}{2}$	$\frac{\sqrt{2}}{2}$	$\frac{1}{2}$	→ 값이 감소해요.
$\tan A$	$\frac{\sqrt{3}}{3}$	1	$\sqrt{3}$	→ 값이 증가해요.

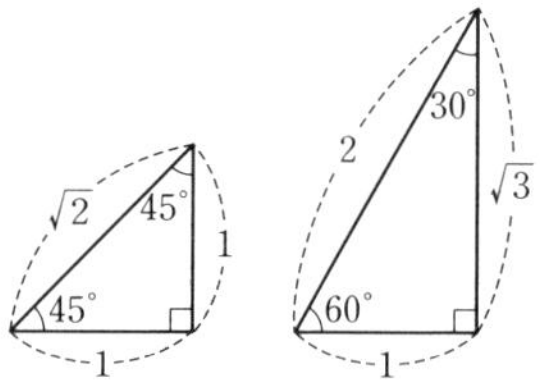

A \ 삼각비	$\sin A$	$\cos A$	$\tan A$
0°	0	1	0
90°	1	0	정의할 수 없음

0°에 점점 가까워지면 빗변과 밑변은 점점 비슷해지고 높이는 0에 가까워지겠죠?

90°에 점점 가까워지면 빗변과 높이는 점점 비슷해지고 밑변은 0에 가까워지겠죠?

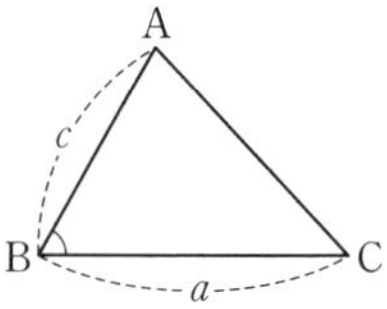

$S=\dfrac{1}{2}ac\sin B$

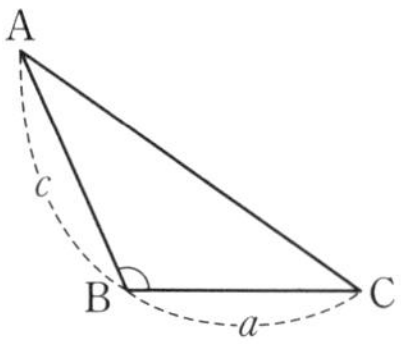

$S=\dfrac{1}{2}ac\sin(180°-B)$

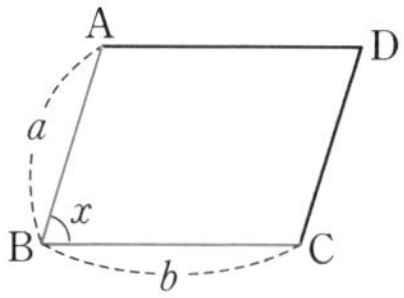

$S=ab\sin x$

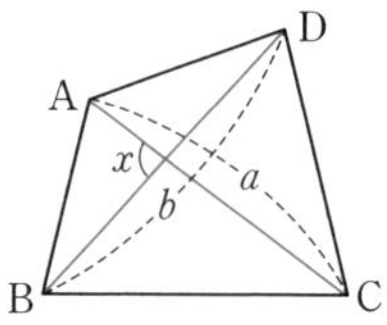

$S=\dfrac{1}{2}ab\sin x$

VI. 원의 성질

#원주각 #중심각

#호의 길이 #현의 길이

#접선과 현이 이루는 각 #할선과 접선

087 원의 중심과 현의 수직이등분선

다음 주어진 원에서

$\overline{AB}$의 길이를 구하여라.

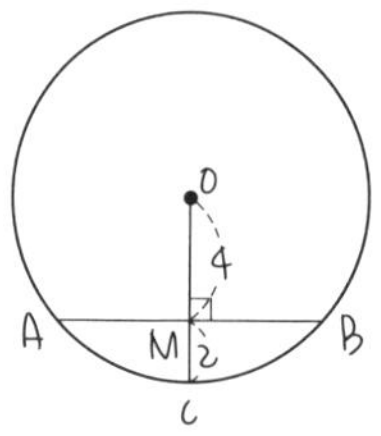

Tip

- 원의 중심에서 현에 수선을 내리면 현의 길이는 위치나 길이에 상관없이 모두 이등분된답니다.

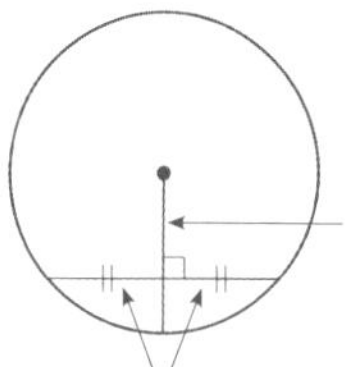

풀·이·쓰·기

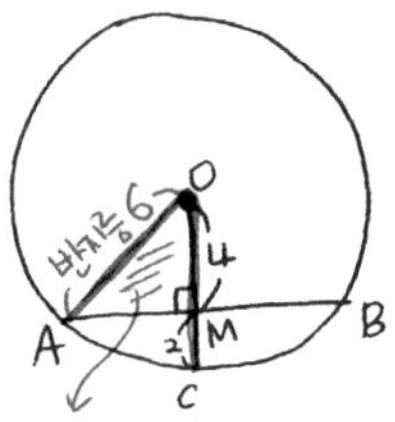

△AMO만 뽑아오자.

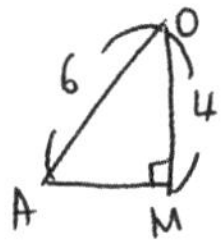

$\overline{AM}^2+4^2=6^2$

$\overline{AM}^2+16=36$

$\overline{AM}^2=20$

$\overline{AM}=\sqrt{20}=\boxed{2\sqrt{5}}$

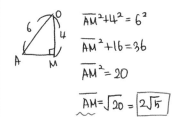

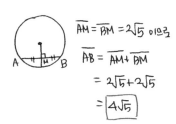

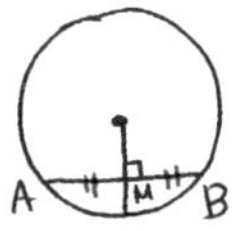

$\overline{AM}=\overline{BM}=2\sqrt{5}$ 이므로

$\overline{AB}=\overline{AM}+\overline{BM}$

$=2\sqrt{5}+2\sqrt{5}$

$=\boxed{4\sqrt{5}}$

답 $4\sqrt{5}$

난이도 ★★☆☆☆

1

다음 주어진 원에서 $\overline{AB}$의 길이를 구하여라.

✎ 풀이 쓰기

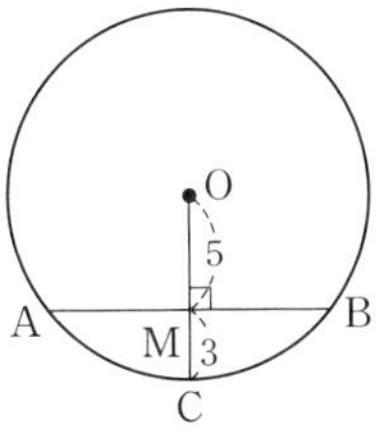

2

다음 원에서 $\overline{AB}$의 길이를 구하여라.

✎ 풀이 쓰기

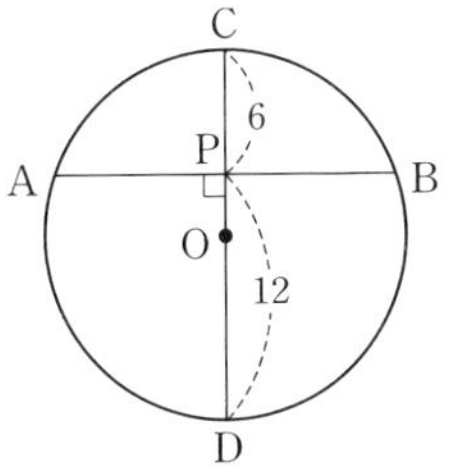

Hint 그림을 잘 보면 지름의 길이를 알 수 있어요. 그럼 반지름의 길이도 구할 수 있겠죠?

알아두면 좋아요

원의 중심에서 현에 내린 수선은 그 현을 이등분해요. 이때 다양한 관계가 만들어지는데 하나씩 알아 볼까요?

① $\overline{AM}=\overline{BM}$

② $\overline{AM}^2=\overline{OA}^2-\overline{OM}^2$

③ $\overline{OM}=\overline{OC}-\overline{MC}=\overline{OA}-\overline{MC}$

④ $\overline{OA}^2=\overline{AM}^2+\overline{OM}^2$

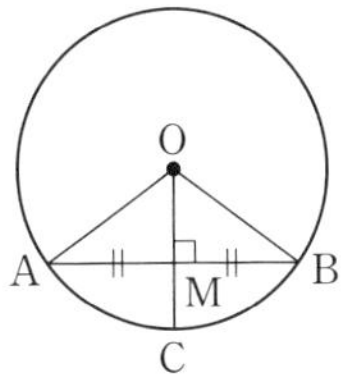

088 활꼴이 주어졌을 때 현의 수직이등분선 이용하기

다음 그림에서 $\overset{\frown}{AB}$는 원의 일부분이다. $\overline{CD}$가 $\overline{AB}$를 수직이등분하고, $\overline{AB}=16$, $\overline{CD}=4$일 때, 이 원의 반지름의 길이를 구하여라.
↳ r이라고 하자

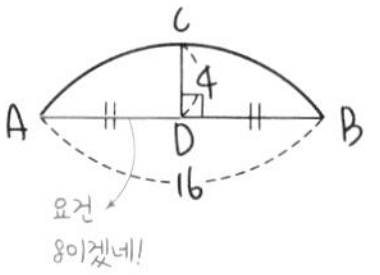

Tip

- 일부분이 주어진 원의 중심과 현의 수직이등분선은 다음과 같은 관계가 성립해요.

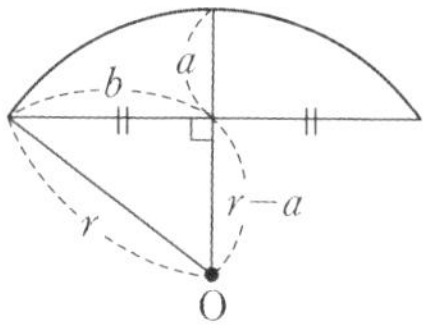

$$r^2=(r-a)^2+b^2$$

- 접힌 원의 중심과 현의 수직이등분선은 다음과 같은 관계가 성립해요.

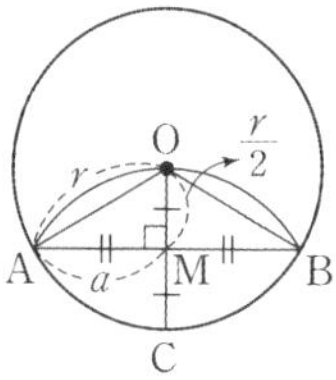

$$r^2=\left(\frac{r}{2}\right)^2+a^2$$

풀·이·쓰·기

원의 중심을 찾아보자!

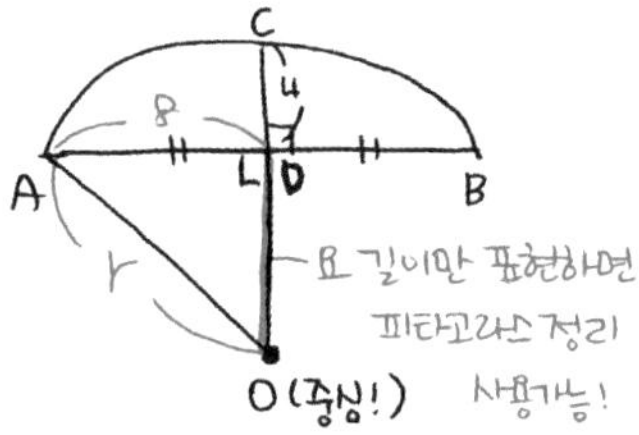

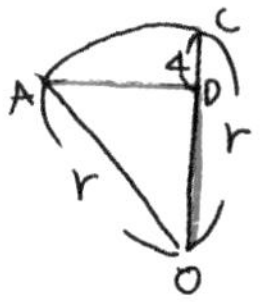

$\overline{OD}=r-4$

$\triangle AOD$를 뽑아오자.

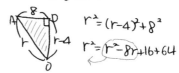

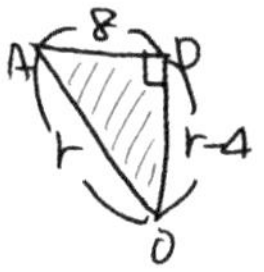

$r^2=(r-4)^2+8^2$

$r^2=r^2-8r+16+64$

$r^2-r^2+8r=16+64$

$8r=80$

$r=10$

따라서, 반지름은 10이다!

답 10

난이도 ★★★☆☆

1

다음 그림에서 $\overset{\frown}{AB}$는 원의 일부분이다. $\overline{CD}$가 $\overline{AB}$를 수직이등분하고, $\overline{AB}=10$, $\overline{CD}=3$일 때, 이 원의 반지름의 길이를 구하여라.

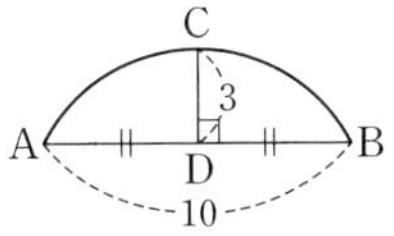

풀이 쓰기

2

다음 그림과 같이 원 모양의 종이를 원주 위의 한 점이 원의 중심 O에 겹쳐지도록 접었을 때, 접힌 현의 길이가 6 cm였다. 이때 원의 반지름의 길이를 구하여라.

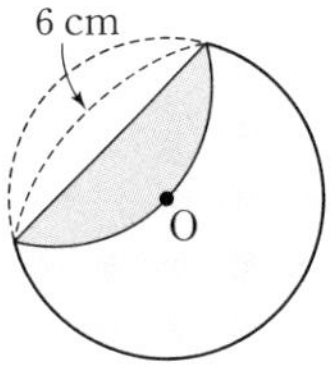

Hint 다음 직각삼각형의 각 변의 길이가 무엇을 의미하는지 생각해 보세요.

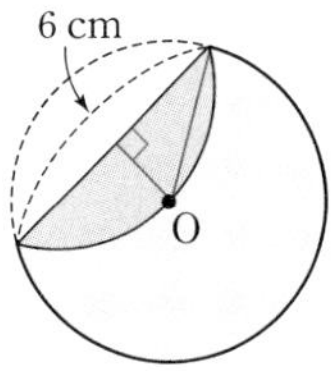

풀이 쓰기

089 원에서 현의 길이가 같을 때

다음 그림의 원 O에서

$\overline{AB}=\overline{CD}$, $\overline{AB}\perp\overline{OM}$이고,

$\overline{OM}=8$, $\overline{OC}=10$일 때,

△COD의 넓이를 구하여라.

현의 길이가 같다는 것은? 원의 중심에서 현까지의 거리가 같다는 것!

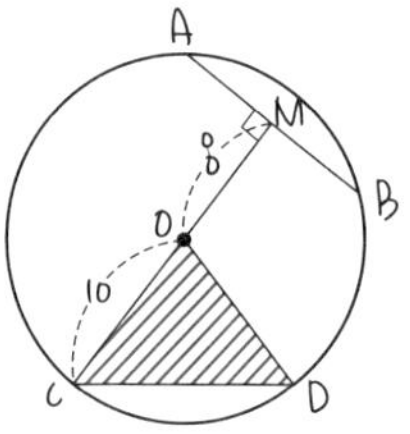

① Tip

- 원에서 현의 길이가 각각 같으면 원의 중심에서 두 현까지의 거리가 같아요. 즉, $\overline{AB}=\overline{CD}$이면 $\overline{OM}=\overline{ON}$인 것이죠.

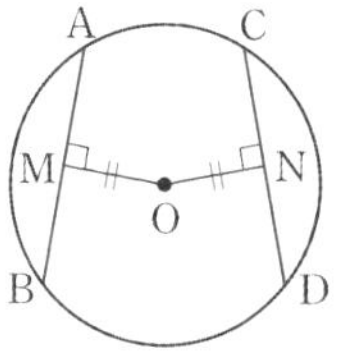

풀·이·쓰·기

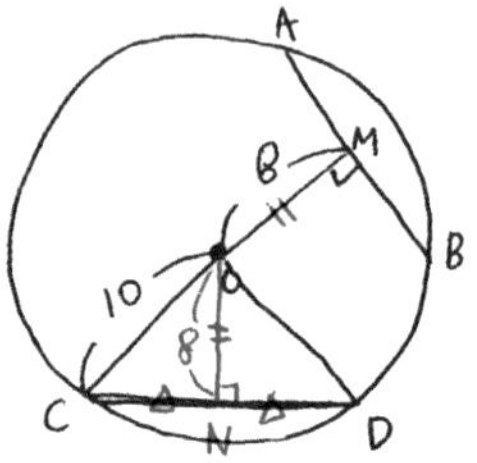

△CON만 뽑아오자.

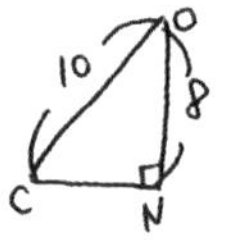

$\overline{CN}^2+8^2=10^2$

$\overline{CN}^2+64=100$

$\overline{CN}^2=36$

$\boxed{\overline{CN}=6}$

△COD의 넓이를 구해보자.

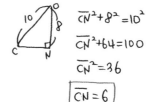

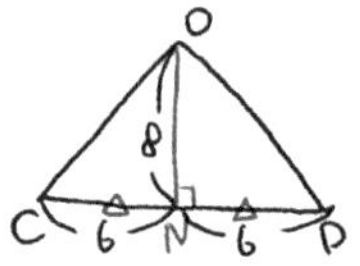

넓이 $= \overset{6}{12}\times 8\times\frac{1}{2}=\boxed{48}$

답 48

난이도 ★★★☆☆

1

다음 그림의 원 O에서 $\overline{AB}\perp\overline{OM}$이고 $\overline{AB}=\overline{CD}$이다. $\overline{OD}=8$ cm, $\overline{OM}=6$ cm일 때, △OCD의 넓이를 구하여라.

풀이 쓰기

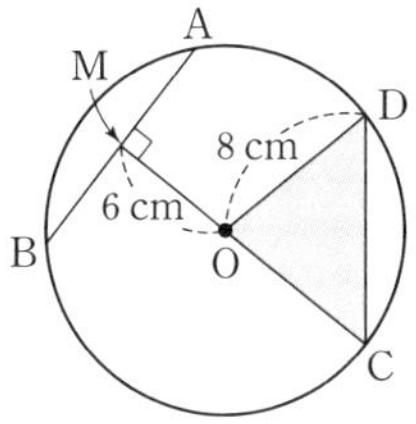

2

다음 그림과 같이 원 O에 삼각형 ABC가 내접하고 있다. $\overline{OM}=\overline{ON}$이고 $\angle BAC=50°$, $\overline{AC}=10$ cm일 때, ∠ABC의 크기와 $\overline{AB}$의 길이를 각각 구하여라.

풀이 쓰기

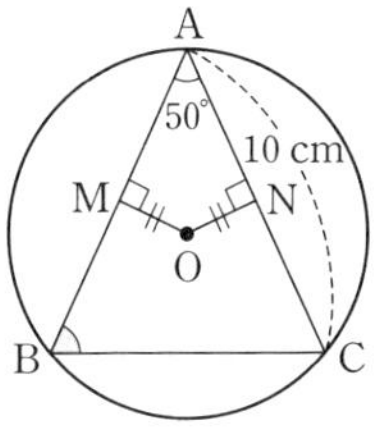

알아두면 좋아요

그림과 같이 원 O에서 $\overline{OM}=\overline{ON}$이면,

① 두 현의 길이가 같아요. ➡ $\overline{AB}=\overline{AC}$
② 두 변의 길이가 같으므로 △ABC는 이등변삼각형이에요.
③ △ABC가 이등변삼각형이므로 ∠ABC=∠ACB예요.

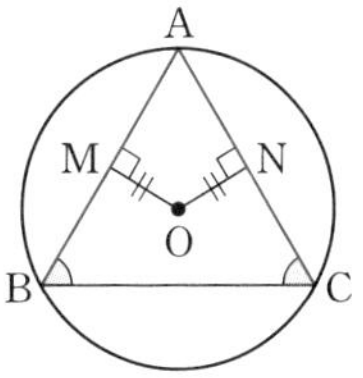

VI 원의 성질

090 원의 접점과 반지름

다음 그림에서 x의 값을 구하여라.

(1)

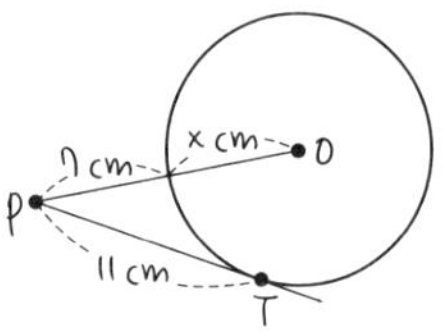

(2)

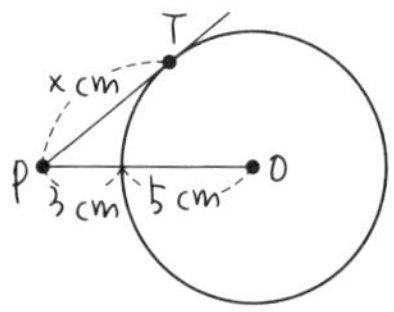

Tip

- 원 밖의 점 P에서 원 O에 그은 접선의 접점을 A라고 할 때, $\overline{OA}$와 $\overline{PA}$는 수직이에요.

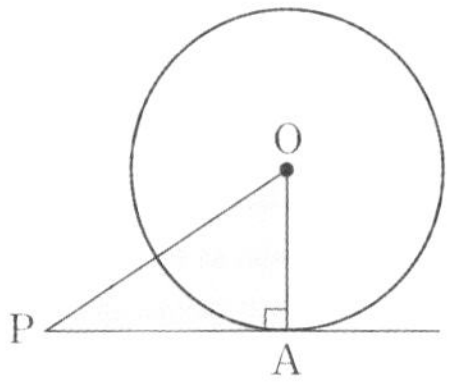

풀·이·쓰·기

(1)

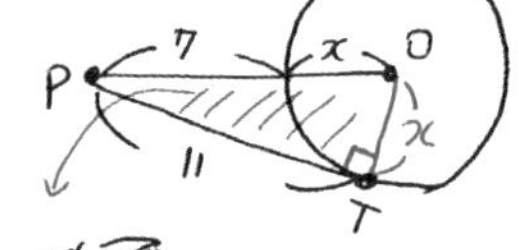

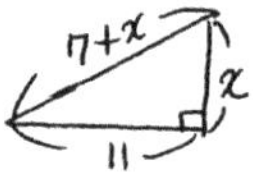

$\Rightarrow (7+x)^2 = x^2 + 11^2$

피타고라스정리

$\Rightarrow 49 + 14x + x^2 = x^2 + 121$

$49 + 14x = 121$

$14x = 121 - 49$

$14x = 72$

$x = \frac{72}{14} = \boxed{\frac{36}{7}}$

(2)

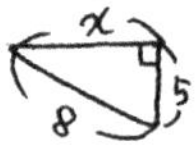

$\Rightarrow 8^2 = x^2 + 5^2$

$x^2 + 25 = 64$

$x^2 = 39$

$\boxed{x = \sqrt{39}}$

답 (1) $\frac{36}{7}$, (2) $\sqrt{39}$

난이도 ★★☆☆☆

1

다음 그림에서 x의 값을 구하여라.

풀이 쓰기

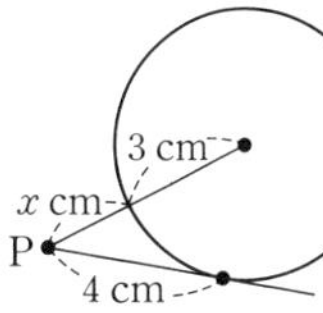

Hint 이차방정식이 나와도 당황하지 말아요.

2

다음 그림에서 $\triangle PTO$의 넓이가 $3\sqrt{3}\ cm^2$일 때, 원의 넓이를 구하여라.

풀이 쓰기

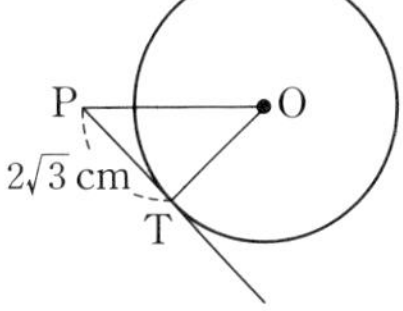

Hint $\triangle PTO$의 넓이를 이용하면 원의 반지름을 구할 수 있어요. (원의 넓이)$=\pi r^2$

VI 원의 성질

091 원의 접선의 성질

다음 물음에 답하여라.

(1) 색칠한 부분의 넓이를 구하여라.

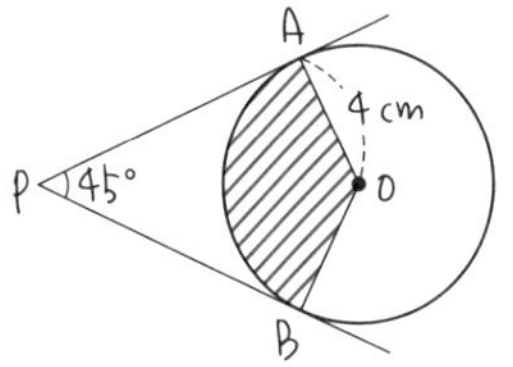

(2) $\overline{BC}$의 길이를 구하여라.

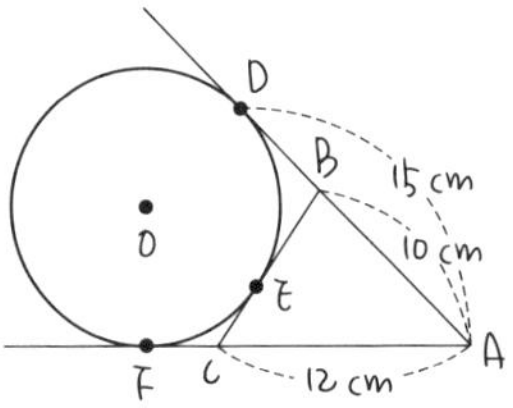

풀·이·쓰·기

(1) 중심각의 크기만 알면 된다!

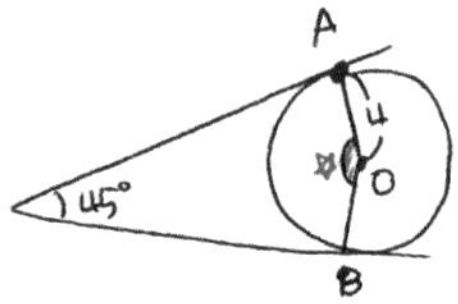

$45° + ☆ = 180°$ 이므로

$☆ = 135°$

따라서,

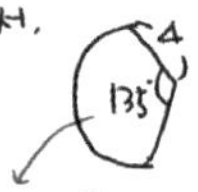

넓이를 구하면 끝.

넓이 $= 4 \times 4 \times \pi \times \frac{135°}{360°} = \boxed{6\pi\ cm^2}$

(2)

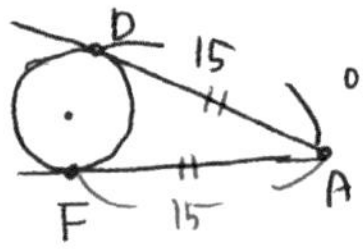

이므로 $\overline{AF} = 15$cm

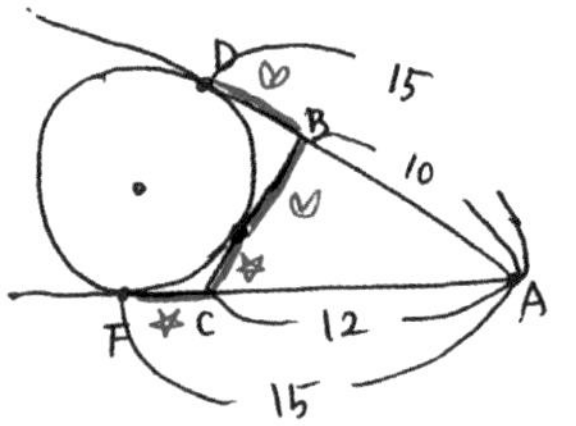

따라서, ♡ = 5cm, ☆ = 3cm

$\overline{BC}$ = ♡ + ☆ = 5 + 3 = $\boxed{8cm}$

답 (1) 6π cm^2, (2) 8 cm

난이도 ★★★☆☆

1

다음 물음에 답하여라.

풀이 쓰기

(1) 색칠한 부분의 넓이를 구하여라.

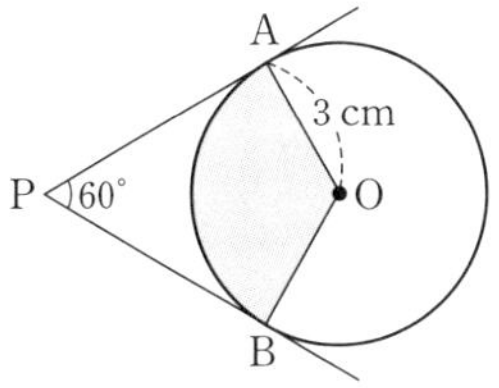

(2) $\overline{BC}$의 길이를 구하여라.

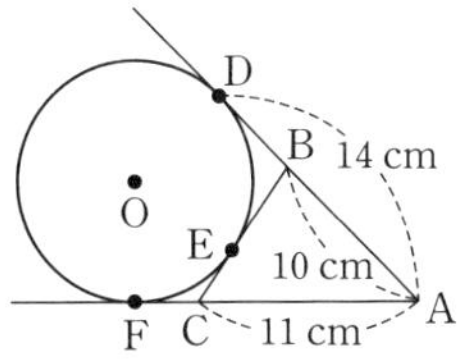

알아두면 좋아요

원의 접선은 다음과 같은 성질을 가지고 있어요.

① $\overline{PA}=\overline{PB}$

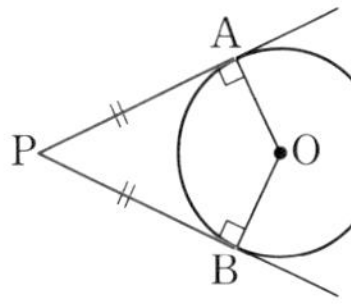

② ☆+♡=180°

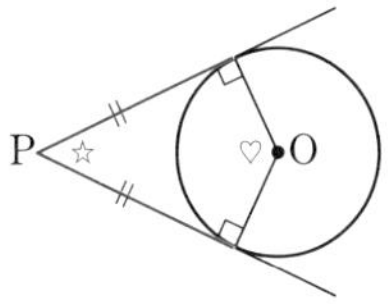

③ $\overline{AE}+\overline{AD}=$ △ABC의 둘레의 길이

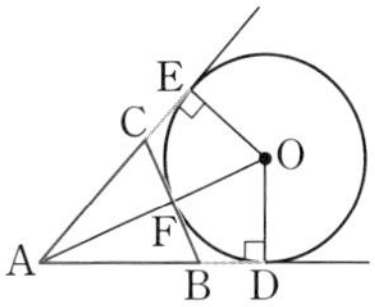

092 반원에서의 접선

다음 도형의 색칠한부분의 넓이를 구하여라.

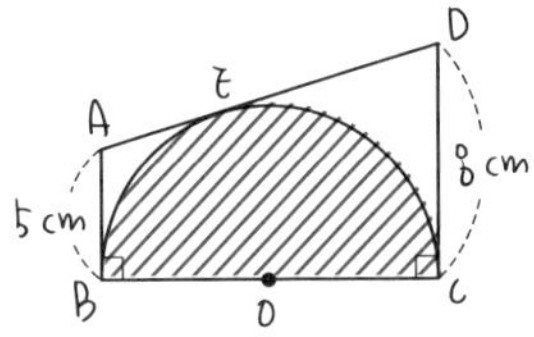

Tip

- 접선의 성질을 알고 있으면, $\overline{AB}=\overline{AE}$이고 $\overline{DC}=\overline{DE}$라는 것을 알 수 있어요.

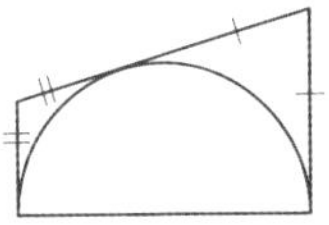

풀·이·쓰·기

①

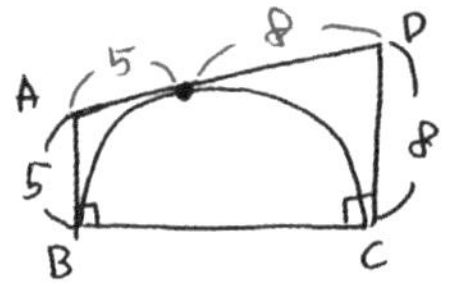

$\Rightarrow \overline{AD}=13\text{cm}$

② 보조선을 그어보자.

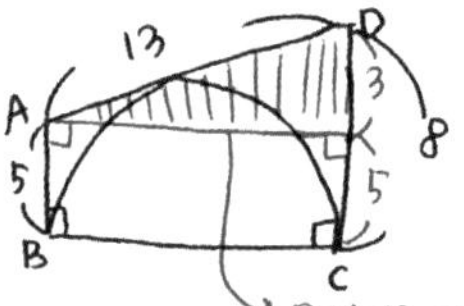

☆ 길이를 구하면 $\overline{BC}$의 길이, 즉 반원의지름을 구하는 것과 같다♡

③ 반원의 지름

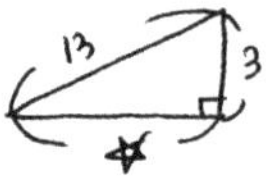

$☆^2+3^2=13^2$

$☆^2+9=169$

$☆^2=160$

$☆=\sqrt{160}=4\sqrt{10}$ 지름!

④ 반원의 넓이

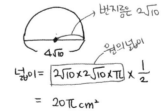

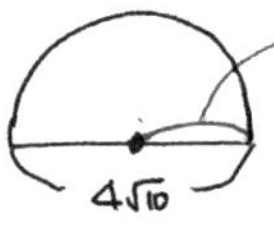

넓이 $=\boxed{2\sqrt{10}\times2\sqrt{10}\times\pi}\times\frac{1}{2}$ (원의넓이)

$=20\pi\,\text{cm}^2$

답 $20\pi\ \text{cm}^2$

난이도 ★★★☆☆

1

다음 도형의 색칠한 부분의 넓이를 구하여라.

풀이 쓰기

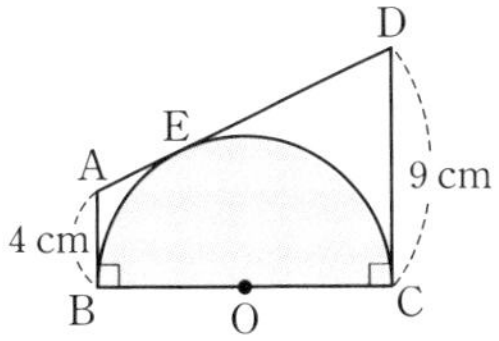

2

다음 그림에서 $\overline{AD}$, $\overline{BC}$, $\overline{CD}$는 반지름의 길이가 3 cm인 반원 O에 접하고 $\overline{AB}$는 반원 O의 지름이다. $\overline{CD}=10$ cm일 때, 사다리꼴 ABCD의 넓이를 구하여라.

풀이 쓰기

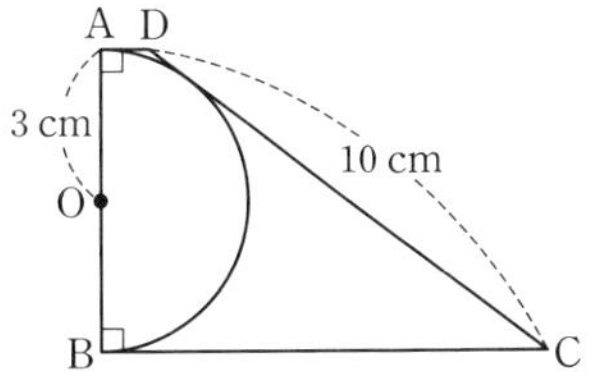

Hint 접선의 성질을 이용하면, (윗변)+(아랫변)의 값을 바로 알아낼 수 있어요.

알아두면 좋아요

반원에서의 접선은 다음과 같은 성질을 가지고 있어요.

$\overline{AB}$, $\overline{DC}$, $\overline{AD}$가 반원 O의 접선일 때,

① $\overline{AB}=\overline{AE}$이고 $\overline{DC}=\overline{DE}$이므로 $\overline{AD}=\overline{AB}+\overline{DC}$이다.

② 점 A에서 $\overline{CD}$에 내린 수선의 발을 H라 하면 $\triangle$AHD는 직각삼각형이므로 $\overline{BC}=\overline{AH}=\sqrt{\overline{AD}^2-\overline{DH}^2}$이다.

(원의 지름 / 삼각형의 밑변 / 피타고라스의 정리 응용)

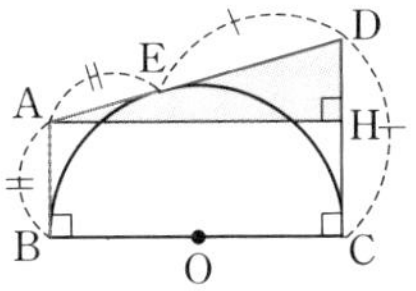

VI

원의 성질

093 삼각형의 내접원

다음 그림에서 원 O는 $\triangle ABC$의 내접원이고 점 D, E, F는 접점이다. $\overline{AB}=10cm$, $\overline{BC}=12cm$, $\overline{AC}=16cm$ 일 때, $\overline{BE}$의 값을 구하여라.

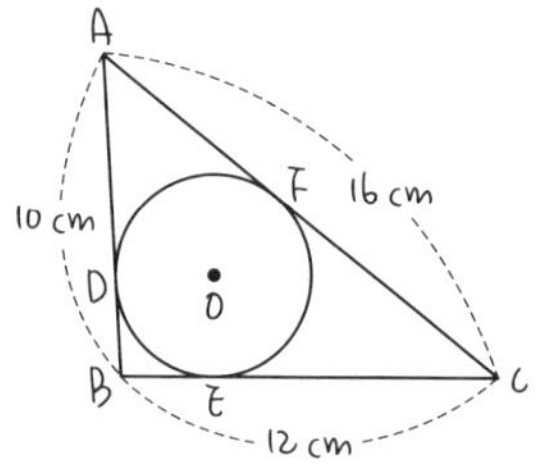

풀·이·쓰·기

①

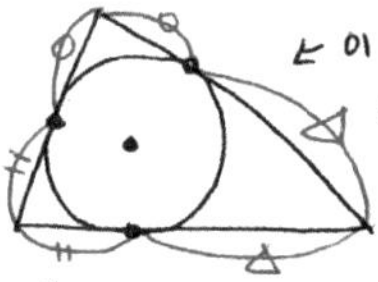

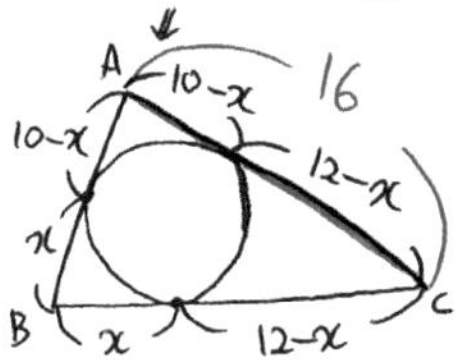

② $\overline{AC}$를 이용하여 식을 세우면

$(10-x)+(12-x)=16$

$10-x+12-x=16$

$-2x+22=16$

$-2x=-6$

$\boxed{x=3}$

답 3

지연쌤의 SNS

☑ 삼각형의 내접원은 어떠한 성질을 가지고 있나요?

여러분은 중학교 2학년 때 삼각형의 내심을 공부하면서 삼각형의 내접원을 알게 되었어요. 잘 기억나지 않아도 걱정하지 말고 천천히 알아 볼까요?

① 삼각형의 둘레의 길이$=a+b+c=2(x+y+z)$

② 삼각형의 넓이$=\triangle ABC=\triangle OAB+\triangle OBC+\triangle OCA$

$\triangle OAB=\frac{1}{2}ar$, $\triangle OBC=\frac{1}{2}br$, $\triangle OCA=\frac{1}{2}cr$이므로

$\triangle ABC=\frac{1}{2}r(a+b+c)$

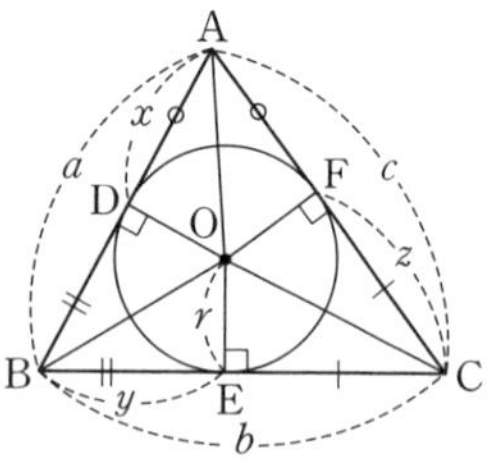

난이도 ★★★☆☆

1

다음 그림에서 원 O는 △ABC의 내접원이고 점 D, E, F는 접점이다. $\overline{AB}=8$ cm, $\overline{BC}=12$ cm, $\overline{AC}=10$ cm일 때, $\overline{AD}$의 길이를 구하여라.

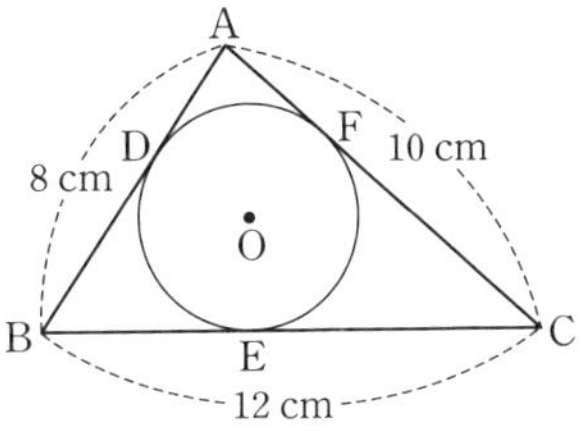

풀이 쓰기

2

다음 그림에서 원 O는 $\angle B=90°$인 직각삼각형 ABC의 내접원이고 점 D, E, F는 접점이다. $\overline{AB}=9$ cm, $\overline{AC}=15$ cm일 때, 원 O의 넓이를 구하여라.

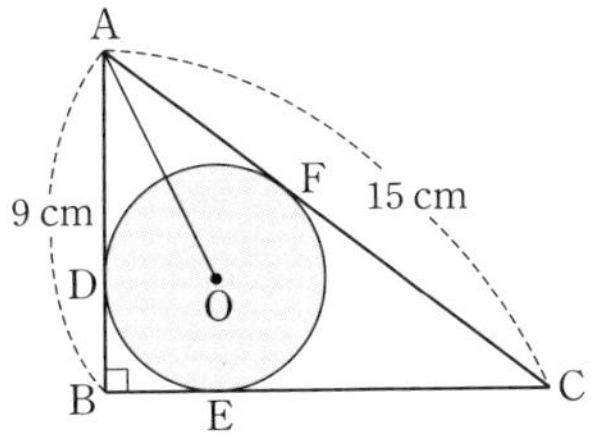

Hint □ODBE는 한 변의 길이가 원의 반지름의 길이인 정사각형이랍니다.

풀이 쓰기

VI
원의 성질

094 원에 외접하는 사각형의 성질

다음 그림에서 x의 값을 구하여라.

(1)

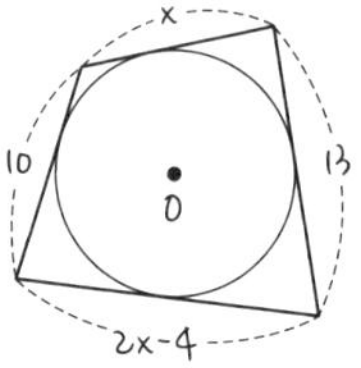

(2)

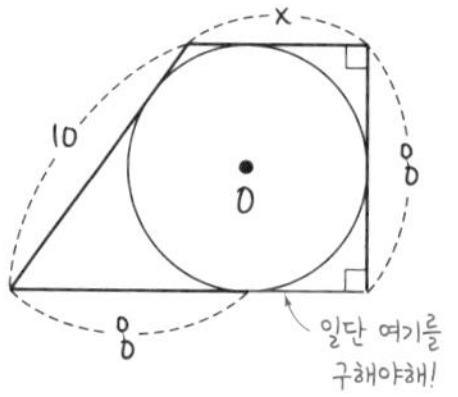

Tip

- 원에 외접하는 사각형은 두 대변의 길이의 합이 서로 같아요.
  ➡ $a+b=c+d$

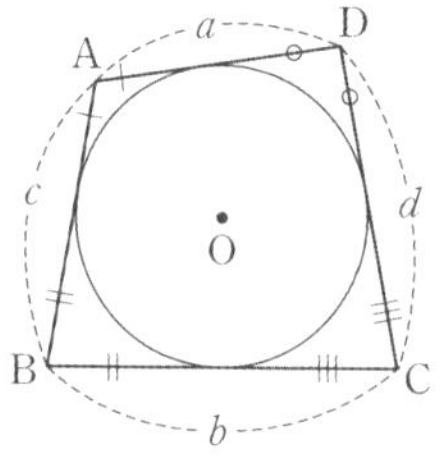

풀·이·쓰·기

(1)

→ ☆+△ = ♡+□ 이용!

식 $x+(2x-4)=10+13$

$x+2x-4=23$

$3x=23+4$

$3x=27$

$x=9$

(2)

⇒

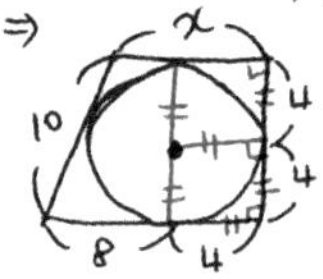

⇒

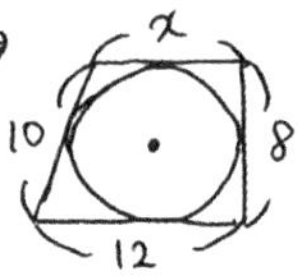

식 $x+12=10+8$

$x+12=18$

$x=6$

답 (1) **9**, (2) **6**

난이도 ★★☆☆☆

1

다음 그림의 사각형에서 x의 값을 구하여라.

풀이 쓰기

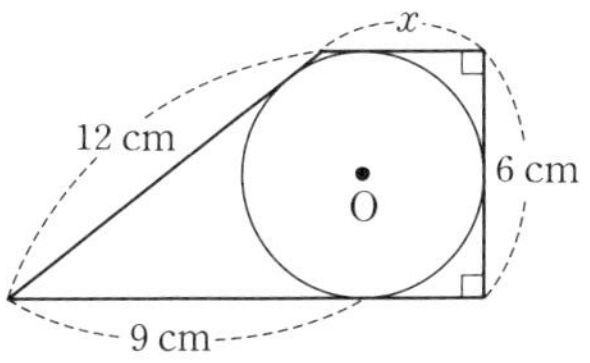

2

다음 그림과 같이 □ABCD는 원 O에 외접한다. $\overline{AB}=12$ cm, $\overline{CD}=9$ cm, $2\overline{AD}=\overline{BC}$일 때 $\overline{AD}$의 길이를 구하여라.

풀이 쓰기

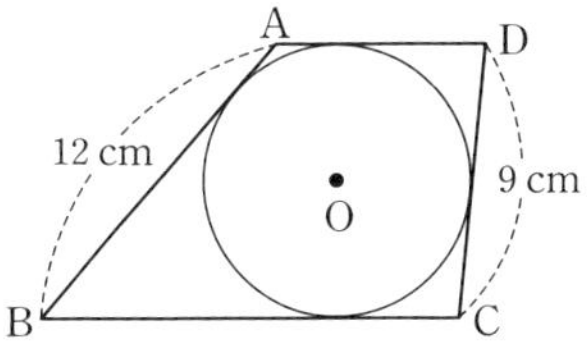

Hint $\overline{AD}$의 길이를 x cm라고 하면 $\overline{BC}$의 길이는 얼마일까요?

095 원이 직사각형의 세 변에 접하는 경우

다음 그림에서 원 O는 직사각형 ABCD의 세 변에서 접하고 $\overline{AE}$는 원 O의 접선이다. $\overline{EC}$의 길이를 구하여라.

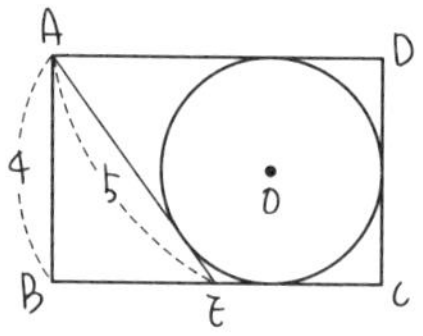

! Tip

- 원에 외접하는 사각형의 한 각이 직각이면, 한 변의 길이가 원의 반지름의 길이인 정사각형을 찾아낼 수 있어요.

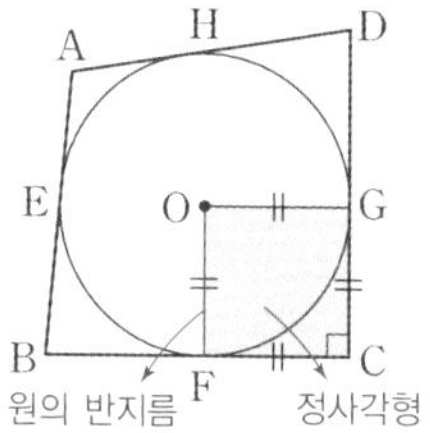

풀·이·쓰·기

① 피타고라스의 정리 → $\overline{BE}$ 길이

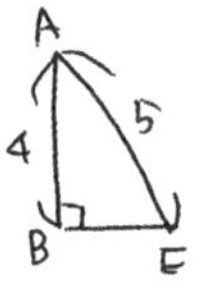

$\overline{BE}^2+4^2=5^2$

$\overline{BE}^2+16=25$

$\overline{BE}^2=9$

$\overline{BE}=3$

② 원의 반지름 이용 → 정사각형 찾기

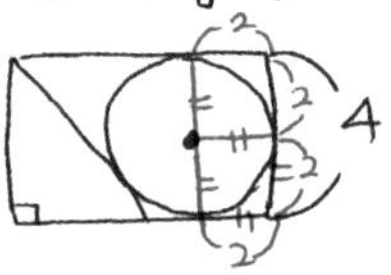

③

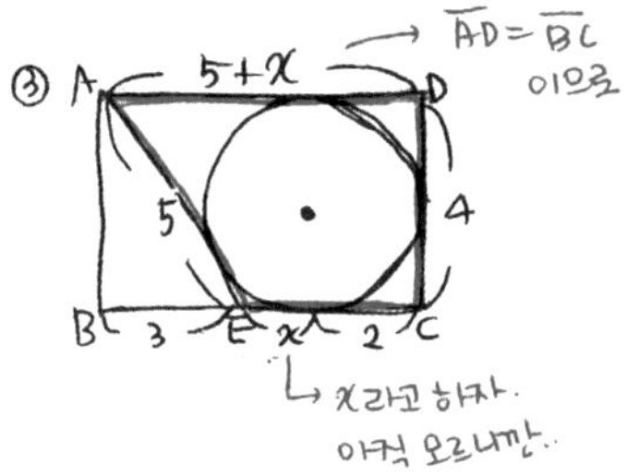

식 $(x+2)+(5+x)=5+4$

$2x+7=9$ → $x=1$

④ $x=1$ 이므로 $\overline{EC}=3$

답 3

1

다음 그림에서 원 O는 직사각형 ABCD의 세 변에서 접하고 $\overline{AE}$는 원 O의 접선이다. $\overline{EC}$의 길이를 구하여라.

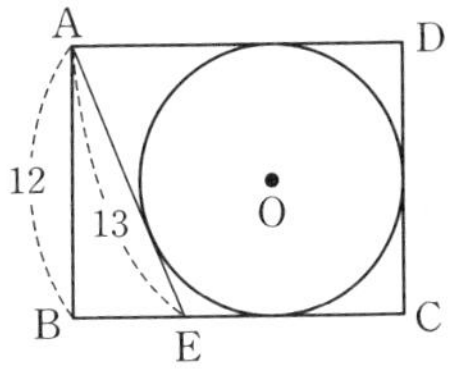

풀이 쓰기

알아두면 좋아요

원 O가 직사각형 ABCD의 세 변과 $\overline{DE}$에 접하고 점 F, G, H는 접점일 때 다음과 같은 성질을 활용할 수 있어요.

① $\overline{DH}$는 $\overline{DG}$와 같고, $\overline{EF}$는 $\overline{EG}$와 같으므로
$\overline{DE}+\overline{DH}=\overline{EF}$이다.

② □ABED는 원 O에 외접하는 사각형이므로
$\overline{AB}+\overline{DE}=\overline{AD}+\overline{BE}$이다.

③ △DCE는 직각삼각형이므로
$(\overline{DH}+\overline{EF})^2=\overline{DE}^2=\overline{CE}^2+\overline{CD}^2$이다.

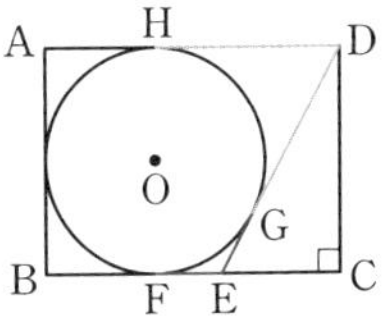

096 원주각과 중심각의 크기

다음 그림에서 ∠x의 크기를 구하여라.

(1)

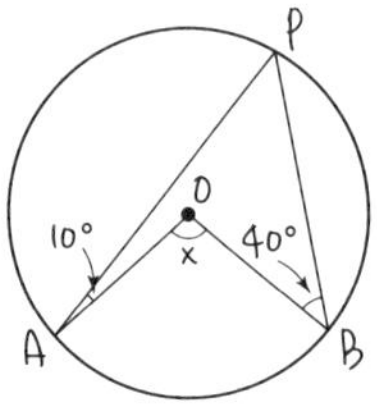

(2)

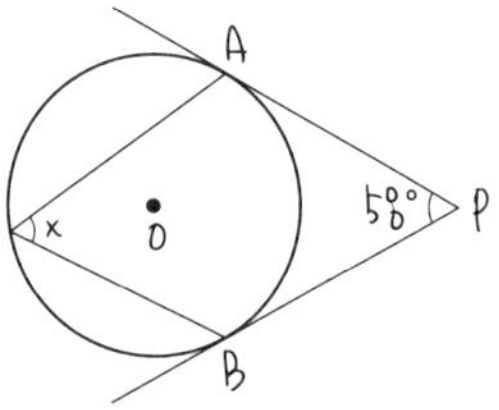

ⓘ Tip

- $\angle APB = \frac{1}{2}\angle AOB$

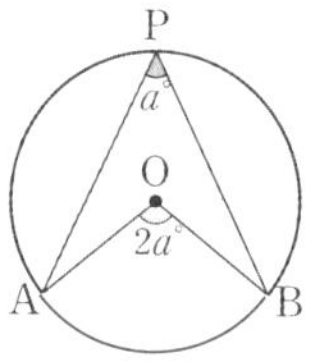

- ∠P + ∠AOB = 180°예요.

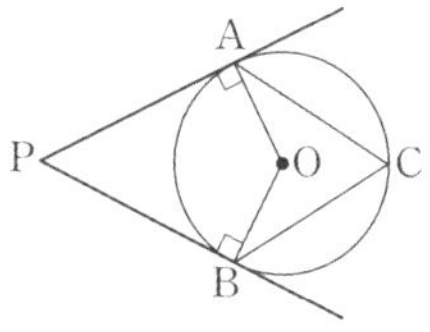

풀·이·쓰·기

(1)

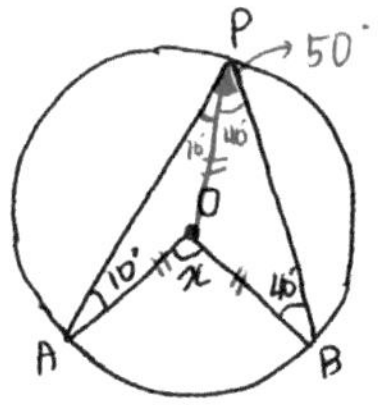

⇒ $\overset{\frown}{AB}$에 대한 원주각 ∠APB = 50° 이다.

⇒ 원주각의 2배가 중심각이므로
∠x = 50° × 2 = 100°

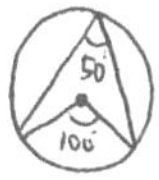

(2)

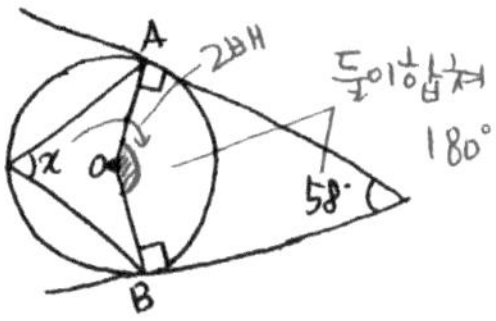

⇒ ∠AOB + 58° = 180° 이므로
∠AOB = 122° ← 그런데 얘는 $\overset{\frown}{AB}$의 중심각

⇒ 원주각의 2배 = 중심각 이므로

⇒ 2∠x = 122°

∠x = 61°

답 (1) **100°**, (2) **61°**

난이도 ★★☆☆☆

1

다음 그림에서 $\angle x$의 크기를 구하여라.

풀이 쓰기

(1)

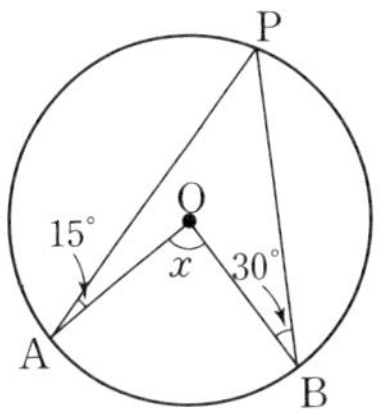

(2)

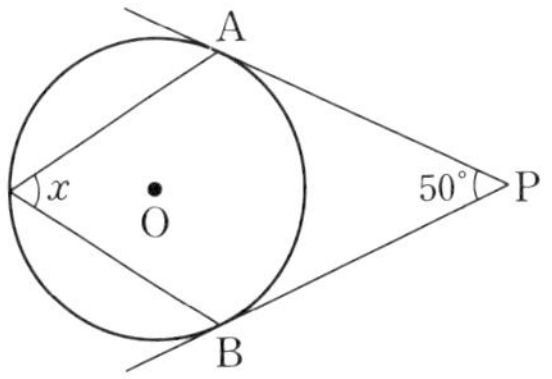

2

다음 그림에서 $\angle x$와 $\angle y$의 크기를 각각 구하여라.

풀이 쓰기

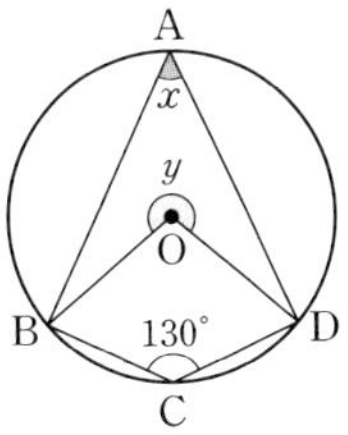

VI 원의 성질

097 원주각의 성질

다음 그림에서 ∠x의 크기를 구하여라.

(1)

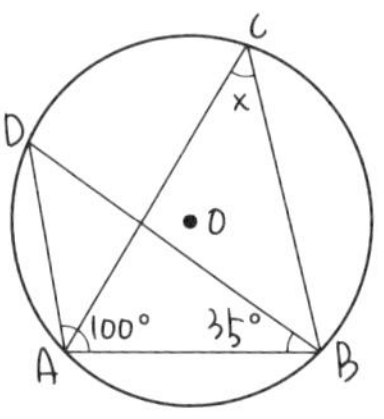

(2)

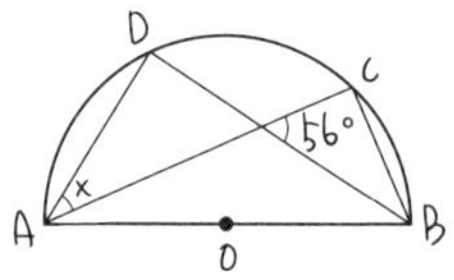

Tip

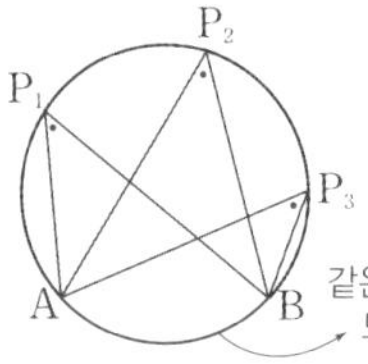

같은 호에 대한 원주각은 모두 크기가 같아요!

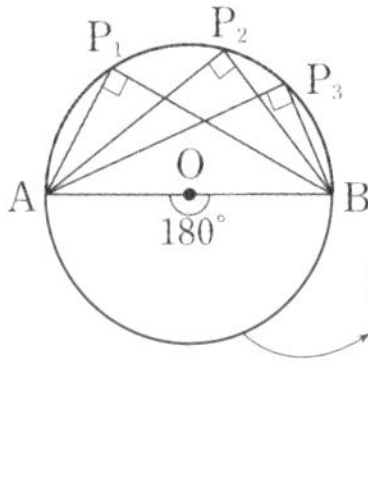

반원에 대한 원주각은 모두 직각이에요!

풀·이·쓰·기

(1)

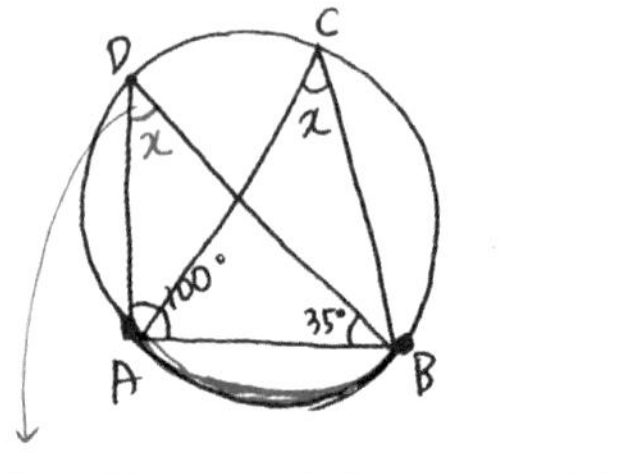

둘다 $\overset{\frown}{AB}$에 대한 원주각이니까!

⇒ △ABD만 가져오면

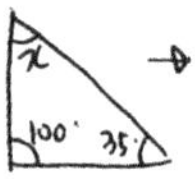

→ $\angle x + 100° + 35° = 180°$

$\boxed{\angle x = 45°}$

(2) 반원에 대한 원주각은 무조건 90°

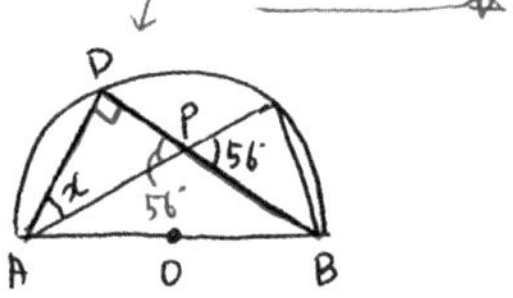

⇒ △APD만 가져오면

→ $\angle x + 90° + 56° = 180°$

$\boxed{\angle x = 34°}$

답 (1) **45°**, (2) **34°**

난이도 ★★☆☆☆

1

다음 그림에서 $\angle x$의 크기를 구하여라.

풀이 쓰기

(1)

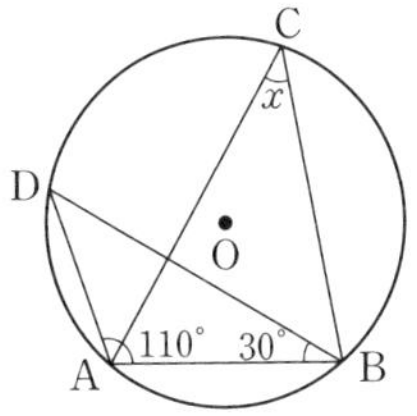

(2)

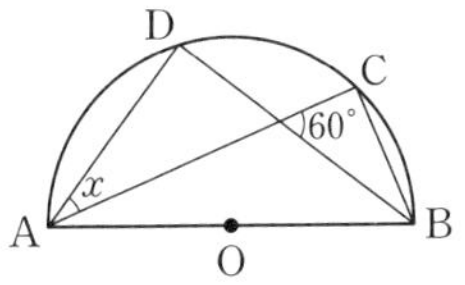

(3)

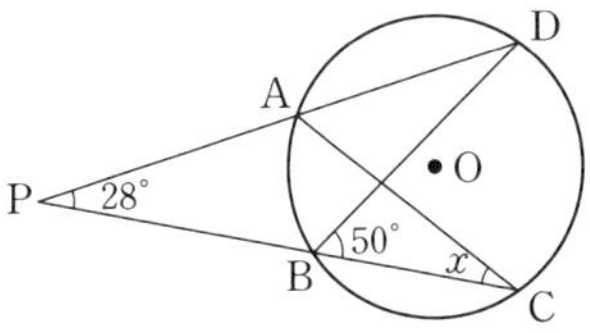

(4)

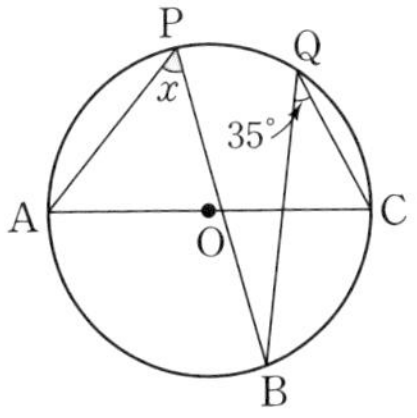

Ⅵ

원의 성질

098 원주각의 크기와 호의 길이

다음 그림에서 ∠x의 크기를 구하여라.

(1)

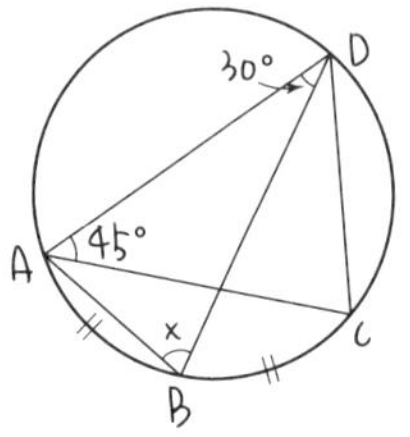

(2)

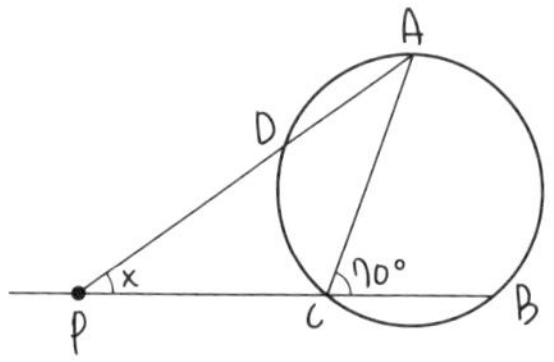

(단, $\widehat{AB} = 2\widehat{CD}$)

이 조건이 매우×2 중요해요!

Tip

- 한 원에서 서로 다른 두 호의 길이가 같다면 원주각의 크기도 같아요. 호의 길이가 같다는 것은 중심각의 크기도 같다는 것을 뜻하기 때문이죠.

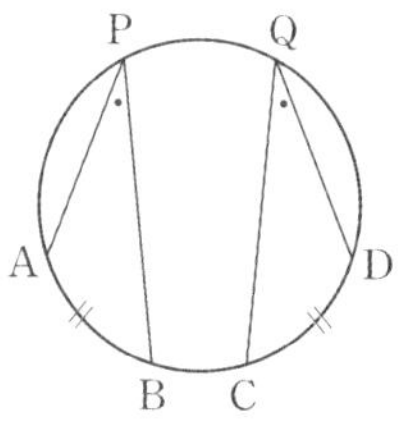

풀·이·쓰·기

(1) 호의 길이가 같으면 원주각도 같음!

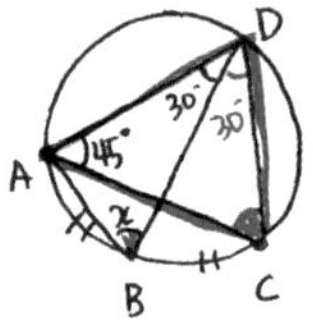

△ACD에서

∠ACD+60°+45° =180°

∠ACD=75°

그런데! ∠x = ∠ACD

↳둘다 $\widehat{AD}$의 원주각!

따라서, ∠x=75°

(2) $\widehat{AB} = 2\widehat{CD}$ 이므로

원주각의 크기도 2배!

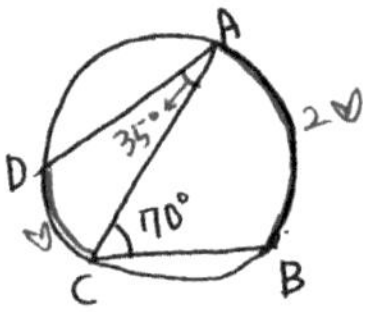

$\widehat{AB}$의 원주각 70°

$\widehat{CD}$의 원주각 35°

⇒

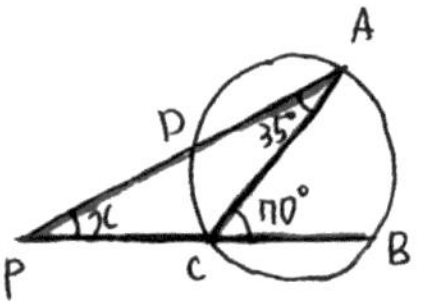

∠x+35°=70° → ∠x=35°

답 (1) 75°, (2) 35°

1

다음 그림에서 $\angle x$의 크기를 구하여라.

✎ 풀이 쓰기

(1)

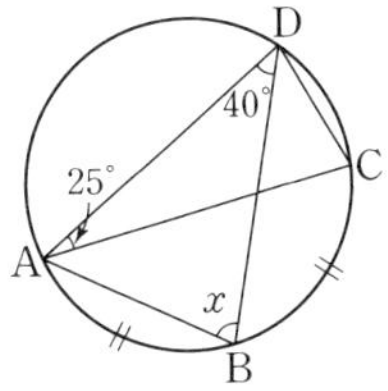

(2) (단, $\overset{\frown}{AB}=2\overset{\frown}{CD}$)

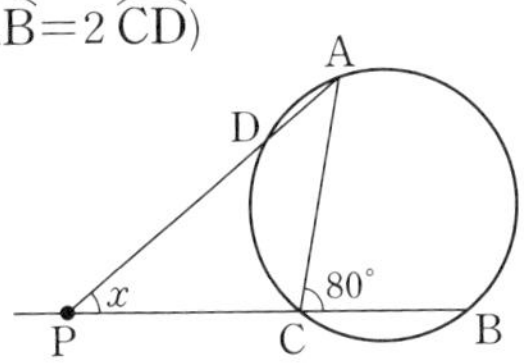

2

다음 그림에서 $\overset{\frown}{AB}:\overset{\frown}{BC}:\overset{\frown}{CA}=2:3:4$이다.

✎ 풀이 쓰기

$\angle BAC$의 크기를 구하여라.

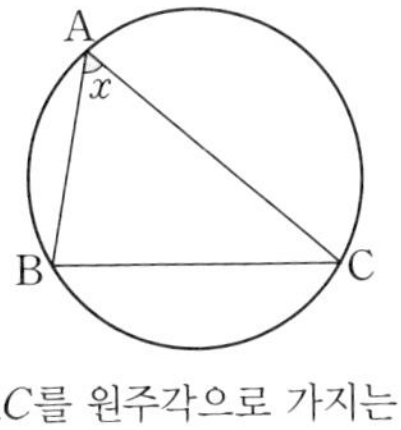

Hint $\angle BAC$를 원주각으로 가지는 호는 $\overset{\frown}{BC}$예요. 그렇다면 $\overset{\frown}{BC}$는 전체 원주의 얼마큼을 차지하고 있을까요?

알아두면 좋아요

① 한 원에서 호의 길이는 그 호에 대한 원주각의 크기에 정비례해요. 도 2배가 되는 것이죠.

$\overset{\frown}{AB}:\overset{\frown}{BC}=\angle x:\angle y$

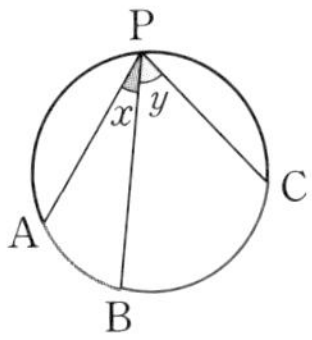

② 한 원에서 모든 호에 대한 원주각의 크기의 합은 180°이므로 $\overset{\frown}{AB}$의 길이가 원주의 $\frac{1}{k}$이면

$\angle ACB=\frac{1}{k}\times 180°$

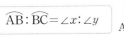

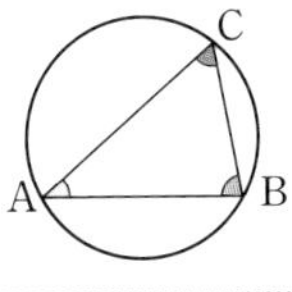

099 원에 내접하는 사각형의 성질

다음 그림에서 ∠x의 크기를 구하여라.

(1)

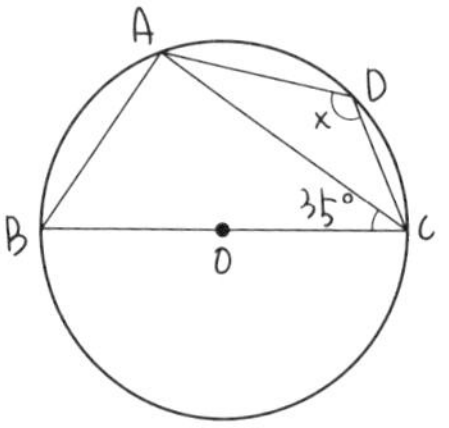

(2)

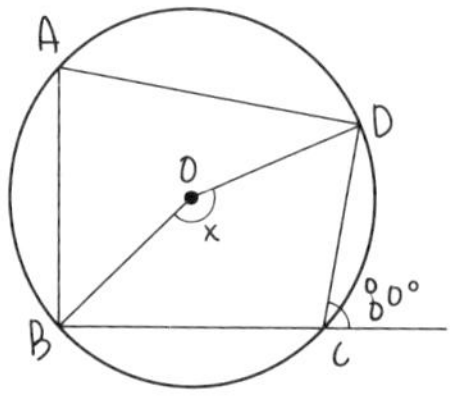

Tip

➡ ∠DCE=∠A

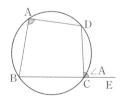

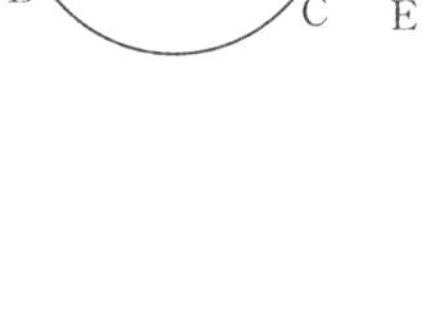

풀·이·쓰·기

(1) ① 반원에 대한 원주각은 90°

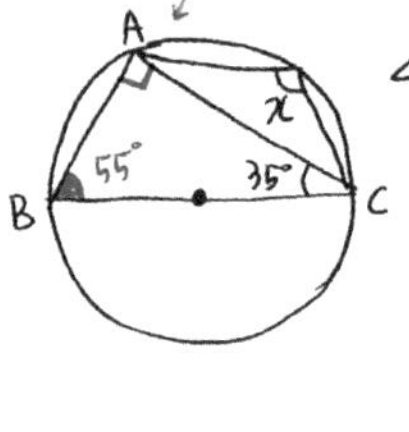

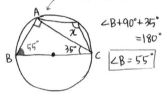

∠B+90°+35° =180°

∠B=55°

② 원에 내접하는 사각형
→ 마주보는각 합치면 180°

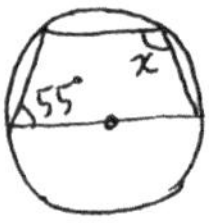

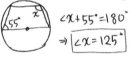

∠x+55°=180°

⇒ ∠x=125°

(2) ①

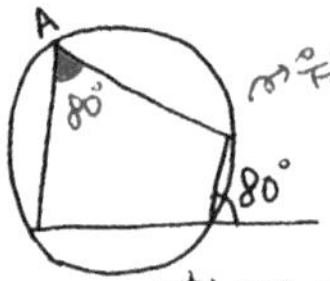

↪ 원에 내접하는 사각형 성질 2

→ 한 외각 = 이웃하는 내각의 마주보는 각

②

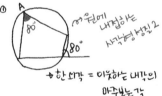

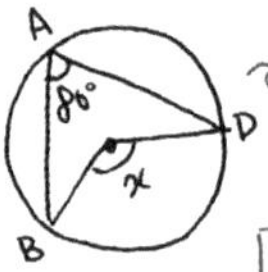

↪ 원주각×2 =중심각

∠x=80°×2

∠x=160°

답 (1) **125°**, (2) **160°**

난이도 ★★★☆☆

1

다음 그림에서 $\angle x$의 크기를 구하여라.

풀이 쓰기

(1)

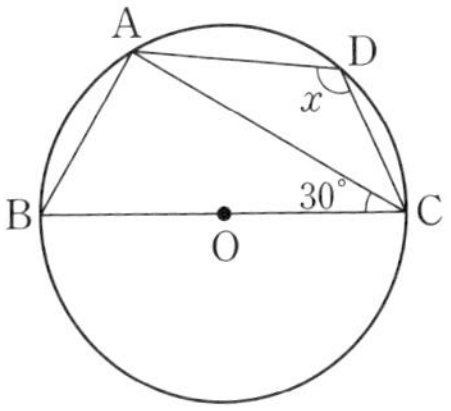

(2)

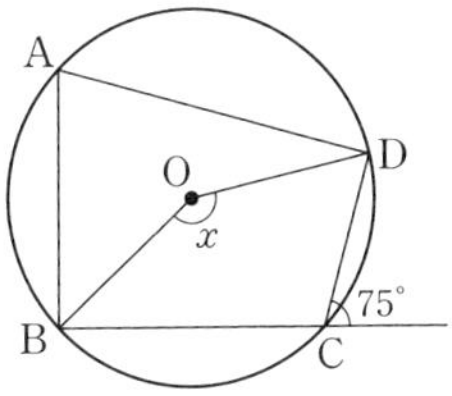

(3)

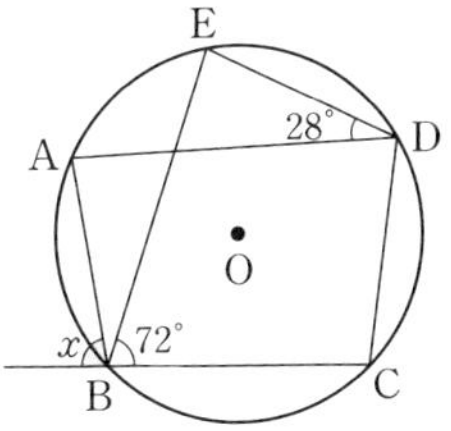

Hint 먼저 □ABCD에서 $\angle x$와 크기가 같은 부분을 찾아요.

VI 원의 성질

100 원에 내접하는 사각형의 성질 활용하기

다음 그림에서 $\angle x$의 크기를 구하여라.

(1)

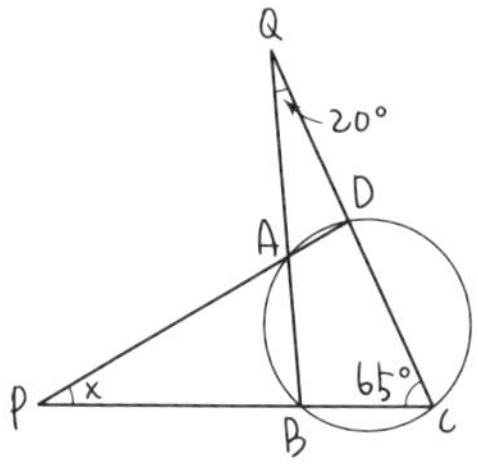

(2)

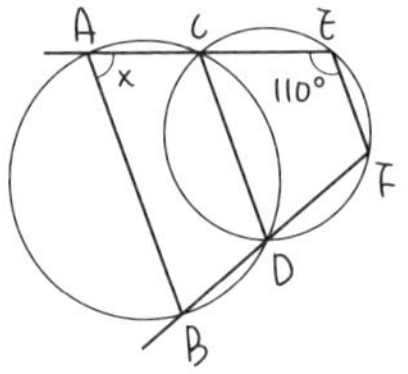

Tip

- 위 문제를 원에 내접하는 사각형의 성질을 활용하여 표현하면 다음과 같이 나타낼 수 있답니다.

①

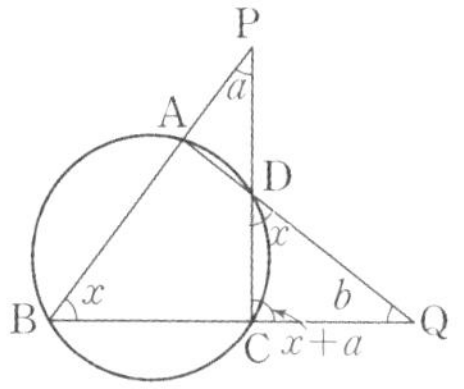

②

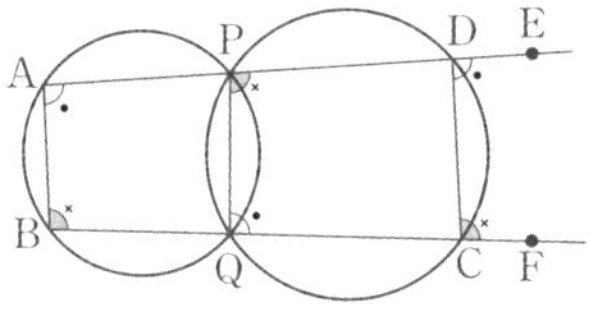

풀·이·쓰·기

(1) ① ②

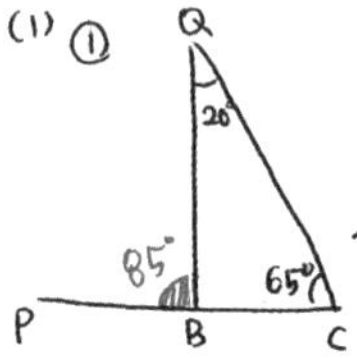

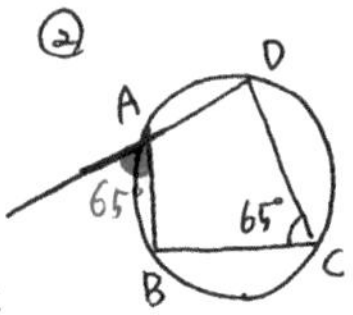

⇒ ①+② 해보면

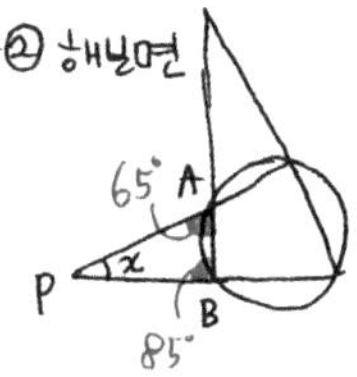

$\angle x+65°+85°=180°$

→ $\angle x=30°$

(2) ①

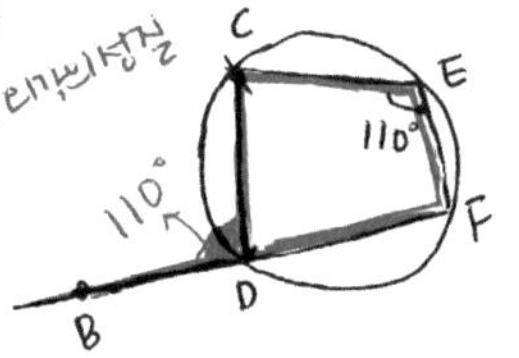

②

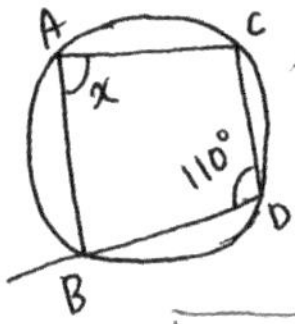

→ 마주보면 합 180°

$\angle x+110°=180°$

⇒ $\angle x=70°$

답 (1) **30°**, (2) **70°**

1

다음 그림에서 $\angle x$의 크기를 구하여라.

풀이 쓰기

(1)

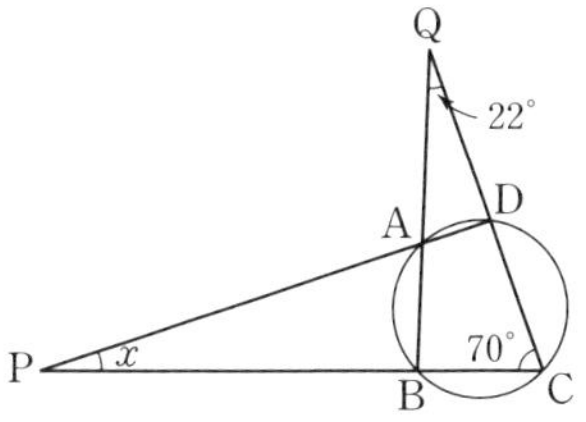

(2)

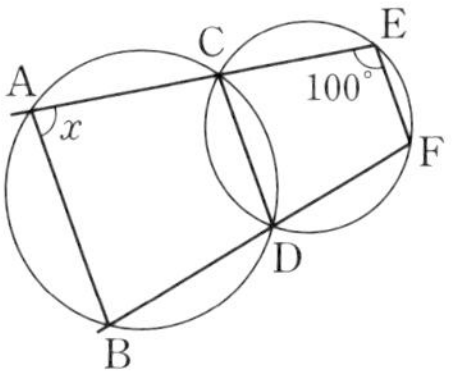

수학 읽기

원에 내접하는 사각형의 조건

원에 내접하는 사각형은 어떤 조건을 만족해야 할까요?

① $\overline{AB}$와 점 C, 점 D에 대하여
$\angle ACB = \angle ADB$일 때

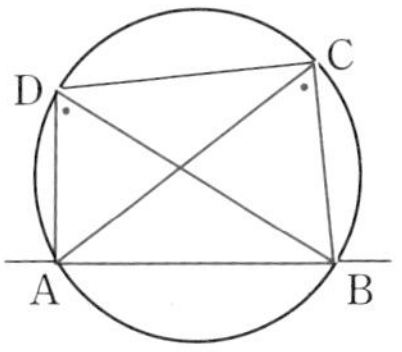

② 마주보는 두 각의 합이 180°일 때
$\angle A + \angle C = \angle B + \angle D = 180^\circ$

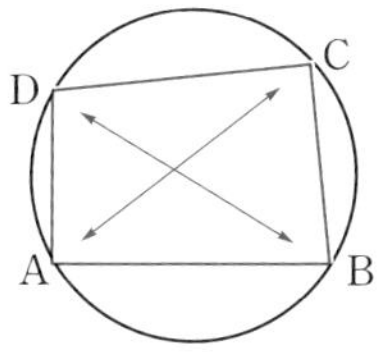

101 접선과 현이 이루는 각

다음 그림에서 ∠x의 크기를 구하여라.

(1)

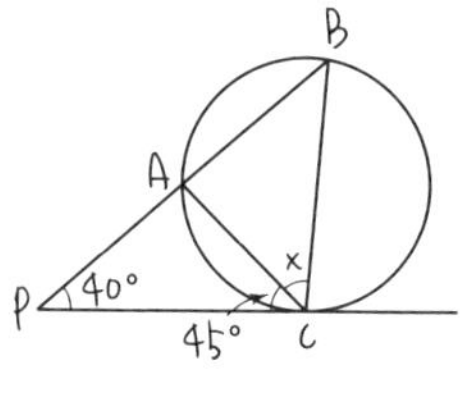

(2)

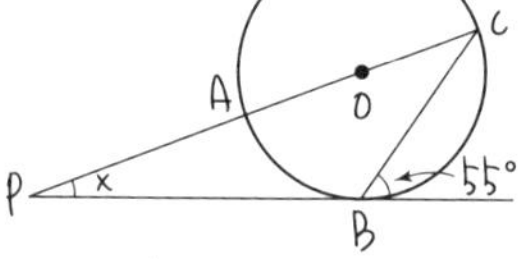

↳ 보조선을 그어야 해요!

Tip

- 직선 TT′가 원 위의 점 P에서의 접선일 때 ∠APT=∠ABP이고, ∠BPT′=∠BAP예요.

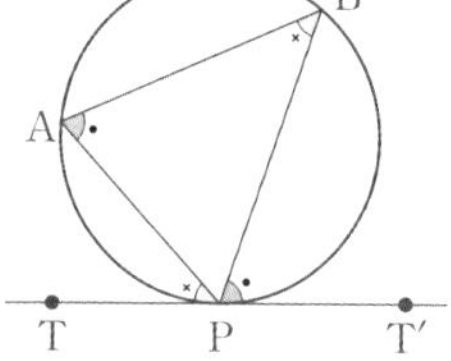

풀·이·쓰·기

(1)

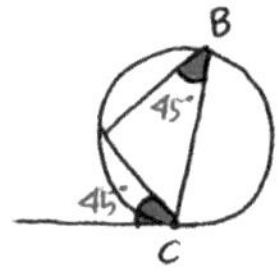

이므로

⇒

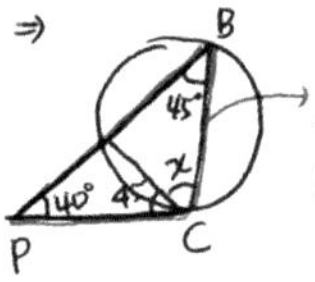

→ △PCB에서 세 각의 합 180°

⇒ $40° + (45° + x) + 45° = 180°$

$\angle x + 130 = 180°$

$\boxed{\angle x = 50°}$

(2)

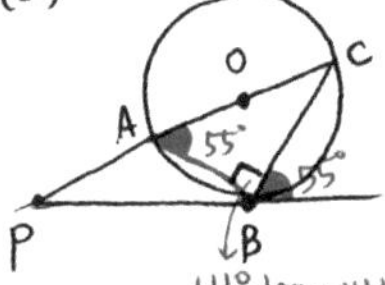

⇒ ∠BAC=55°

⇒ ∠ABC=90°

↳ 반원에 대한 원주각

△ABC를 뽑아오면

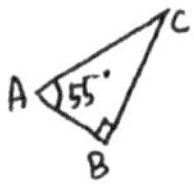

∠ACB+55°+90°=180°

∠ACB=35°

⇒

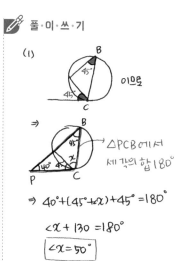

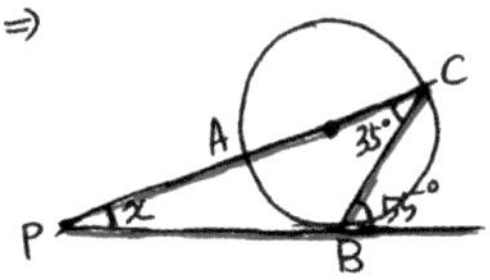

∠x+35°=55° 이므로

$\boxed{\angle x = 20°}$

답 (1) 50°, (2) 20°

난이도 ★★★☆☆

1

다음 그림에서 $\angle x$의 크기를 구하여라.

풀이 쓰기

(1)

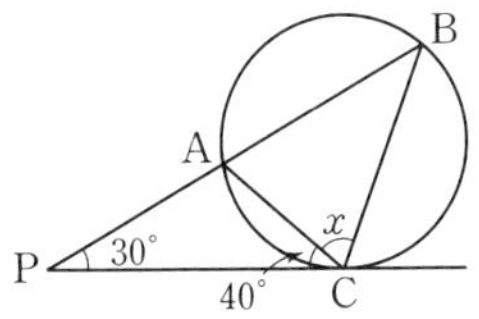

(2)

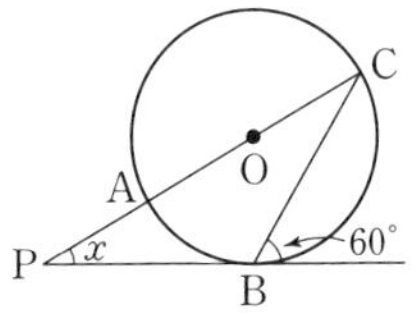

(3)

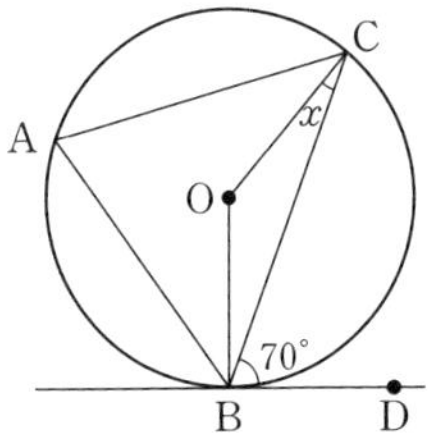

Hint 주어진 70°와 크기가 같은 각을 찾아요.

102 접선과 현이 이루는 각의 활용

다음 그림에서 $\angle x$의 크기를 구하여라.

(1)

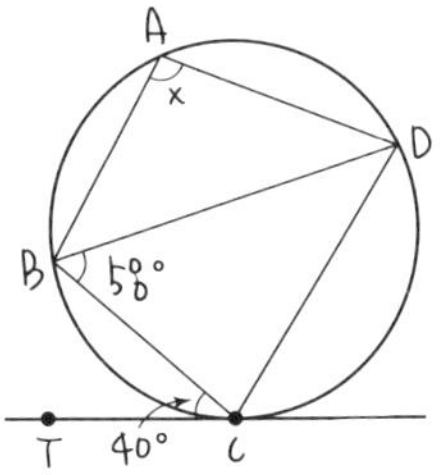

(2)

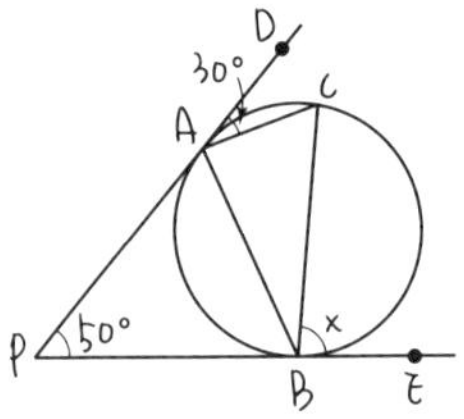

풀·이·쓰·기

(1) ① △BCD 부터 먼저 생각하자.

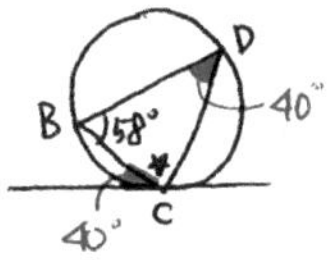

$58° + 40° + ★ = 180°$

$★ = 82°$

② □ABCD를 생각하자

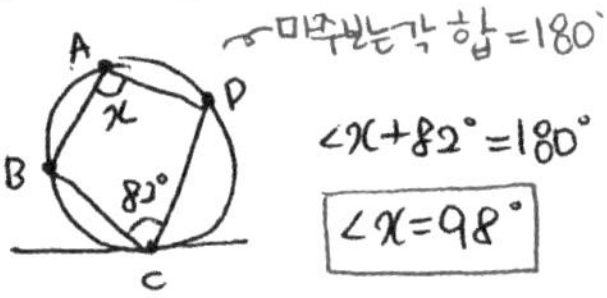

$\angle x + 82° = 180°$

$\angle x = 98°$

(2) ①

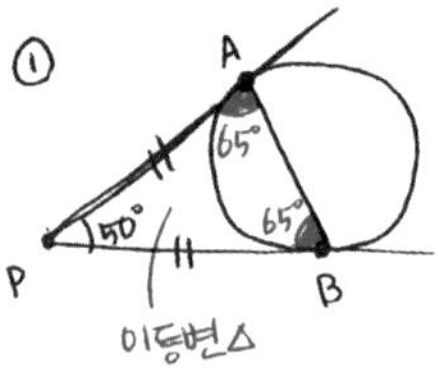

②

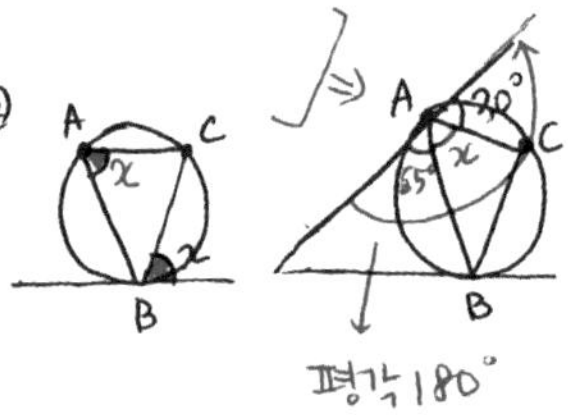

$\Rightarrow 65° + \angle x + 30° = 180°$

$\angle x + 95° = 180°$

$\angle x = 85°$

답 (1) 98°, (2) 85°

난이도 ★★★☆☆

1

다음 그림에서 $\angle x$의 크기를 구하여라.

풀이 쓰기

(1)

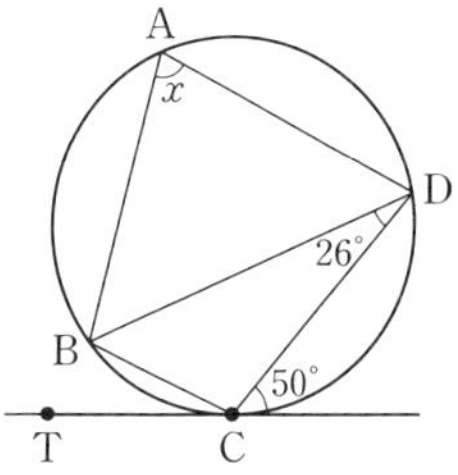

(2)

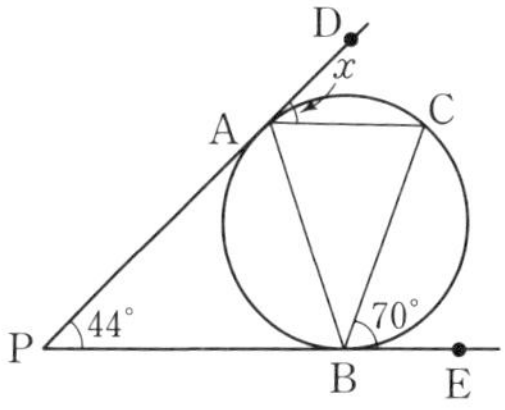

알아두면 좋아요

접선과 현이 이루는 각의 성질을 이용하면 다음과 같이 활용할 수 있어요.

① 원에 내접하는 □ABCD에서

➡ $\angle DAB+\angle DCB$
$=\angle ADC+\angle ABC$
$=180^\circ$

➡ $\angle ABT=\angle ACB$

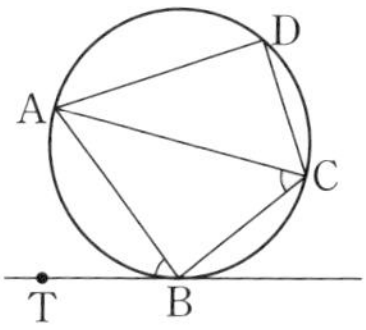

② 두 직선 PA, PB가 원의 접선일 때

➡ $\angle PAB=\angle PBC=\angle ACB$

➡ $\overline{PA}=\overline{PB}$이므로
△PAB는 이등변삼각형

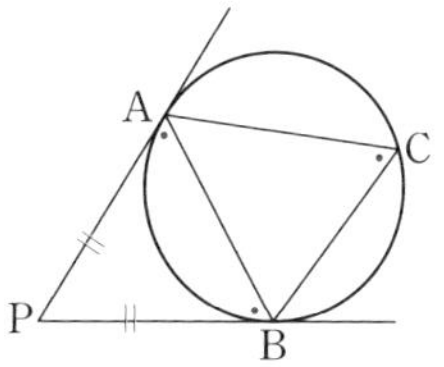

쌤의 수학 읽을거리

원의 성질 공식! 핵심 찰칵!

• 원과 현의 관계

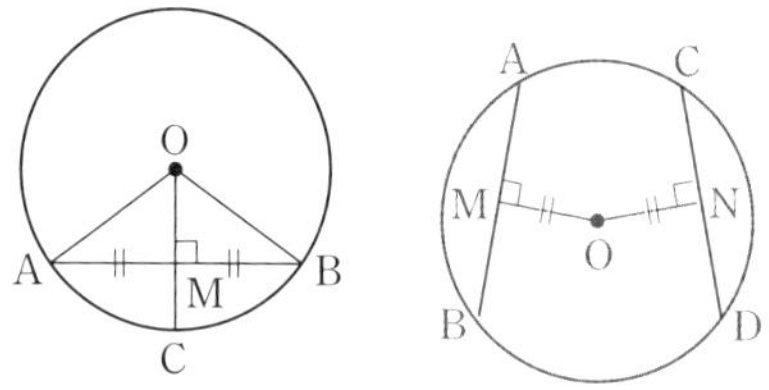

$\overline{AM}=\overline{BM}$　　$\overline{AM}=\overline{BM}$

• 원과 접점의 관계

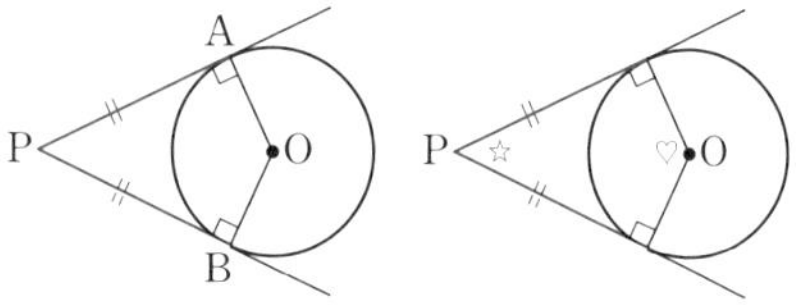

$\overline{PA}=\overline{PB}$　　☆＋♡＝180°

• 삼각형의 내접원

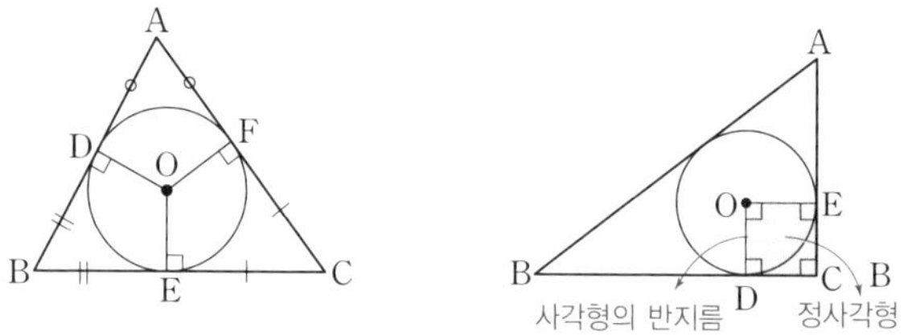

• 원과 원주각의 관계

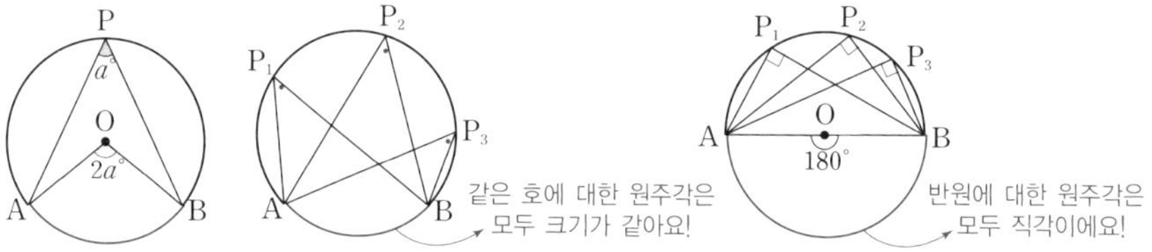

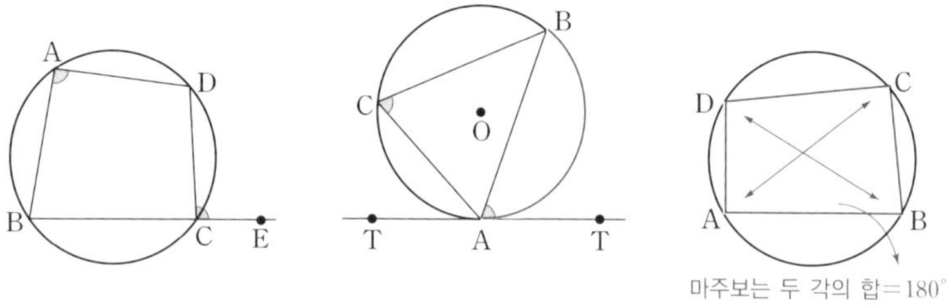

Ⅵ. 통계

#대푯값 #평균 #중앙값

#최빈값 #분산 #편차

#표준편차 #산포도 #산점도

#상관관계

103 대푯값: 평균, 중앙값, 최빈값

다음 줄기와 잎 그림에서
평균을 a, 중앙값을 b, 최빈값을 c
라고 할 때, a+b+c 의 값을
구하여라.

줄기	잎			
1	2	2	3	
2	2	4	4	4
3	0	2	5	

Tip

• 대푯값은 자료 전체의 중심적인 성향이나 특징을 대표적인 하나의 수로 나타낸 값을 말해요. 주로 평균, 중앙값, 최빈값 등을 사용해요.

풀·이·쓰·기

주어진 자료에 대한 변량은

12	12	13	
22	24	24	24
30	32	35	

이다.

① 평균

$(12+12+13+22+24+24+24+30+32+35) \div 10$ ← 자료 10개

$= 228 \div 10 = 22.8$

$\therefore a = 22.8$

② 중앙값

→ 총 자료가 10개 이므로 중앙에 있는 값은 5, 6 번째 값의 평균

5번째 값 (24) 6번째 값 (24)

→ 두 값의 평균: 24 ← 이게 중앙값

$\therefore b = 24$

③ 최빈값

→ 24가 세번으로 가장 많이 나타남
따라서 최빈값은 24

$\therefore c = 24$

④ $a+b+c = 22.8+24+24$

$= 70.8$

답 70.8

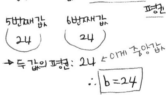

난이도 ★★★☆☆

1

다음 주어진 자료의 평균, 중앙값, 최빈값을 각각 구하여라.

✎ 풀이 쓰기

5, 7, 2, 4, 10, 8, 7, 11, 14, 5

2

다음은 소원이네 반 학생들의 줄넘기 횟수를 조사한 자료이다. 이 자료의 중앙값을 a 최빈값을 b라 할 때, $b-a$의 값을 구하여라.

✎ 풀이 쓰기

(4|1은 41회)

줄기	잎						
4	1	1	2				
5	3	3	4	4	5		
6	0	2	3	4	7		
7	1	2	3	4	4	4	6
8	1	2	2	4	5		

알아두면 좋아요

① **평균은 전체 변량의 총합을 변량의 개수로 나눈 값**을 말해요.

➡ $(평균)=\dfrac{(변량의\ 총합)}{(변량의\ 개수)}$ 예 2, 5, 7, 10의 평균은 $\dfrac{2+5+7+10}{4}=\dfrac{24}{4}=6$

② **중앙값은 자료의 변량을 크기가 작은 값부터 나열하였을 때, 가운데에 있는 값**을 말해요.

➡ 변량의 개수가 ┬ 홀수이면 한가운데에 있는 값이 중앙값
└ 짝수이면 가운데 두 값의 평균이 중앙값

예 (변량의 개수가 홀수일 때) 자료 1, 3, 4, 6, 7의 중앙값은 4.

(변량의 개수가 짝수일 때) 자료 1, 3, 4, 6, 8, 9의 중앙값은 $\dfrac{4+6}{2}=5$

③ **최빈값은 자료의 변량 중에서 도수가 가장 큰 값**을 말해요. 즉, 가장 많이 나타난 값이죠.

예 자료 1, 3, 4, 5, 5, 6, 7의 최빈값은 5

자료 1, 2, 2, 4, 5, 5, 6, 7의 최빈값은 2와 5

104 대푯값이 주어졌을 때 변량 구하기

다음 자료는 소원이가 10번 볼링공을 굴려 쓰러트린 핀의 개수를 나타낸 것이다. 평균이 7일 때, 이 자료의 중앙값을 구하여라.

8	5	6	7	10
9	9	3	x	8

(단위 : 개)

일단 x 포함해서 평균구하는 식을 세워보자

① Tip

- 중앙값을 구할 때 자료의 개수가 짝수이면 가운데 두 값의 평균을 구해요.

풀·이·쓰·기

① 평균이 7이므로

$$\frac{8+5+6+7+10+9+9+3+x+8}{10}$$

$$=\frac{65+x}{10}=7$$

⇒ 양변에 ×10

$65+x=70 \rightarrow x=5$

② 최종 변량

8	5	6	7	10
9	9	3	5	8

중앙값을 구하기 위해 순서대로 나열하면

3 5 5 6 7 8 8 9 9 10

이것의 평균

중앙값 $=\frac{7+8}{2}=\frac{15}{2}=7.5$

답 7.5

난이도 ★★★☆☆

1

다음은 4회에 걸친 건욱이의 수학성적이다. 5번째 시험에서 몇 점을 맞아야 최종 평균 90점을 받을 수 있을지 구하여라.

90점, 85점, 89점, 92점

Hint 5번째 시험 점수를 x로 두고 평균 90점을 맞춰요.

풀이 쓰기

2

다음 자료는 일주일 동안 일환이의 TV 시청시간을 조사한 자료이다. 평균 TV 시청시간이 45분일 때, 이 자료의 중앙값을 구하여라.

요일	일	월	화	수	목	금	토
시간(분)	30	46	36	30	x	41	90

Hint 먼저 평균을 이용하여 x의 값을 구해요.

풀이 쓰기

VII 통계

수학 읽기

어떤 대푯값이 정확한 대푯값일까?

[1, 1, 1, 6, 7, 7, 8, 9, 14, 96] 자 여기 10개의 자료가 있어요.

이 자료의 평균은 $\frac{150}{10}=15$, 중앙값은 $\frac{7+7}{2}=7$, 최빈값은 1이에요.

① 평균을 보면 96을 제외한 모든 숫자가 평균 이하이고 96만 평균 이상이에요. 이렇게 극단적인 값이 있을 때는 평균이 그 자료를 대표한다고 볼 수 없어요.

② 최빈값은 1이에요. 가장 자주 나타난 값이지만 가장 낮은 값이기도 해서 최빈값도 대푯값으로 적절하지 않아요.

③ 결국 이 자료에서는 중앙값인 7이 가장 적절한 대푯값이죠.

평균, 중앙값, 최빈값 중 가장 많이 사용되는 대푯값은 평균이지만 그렇다고 평균이 가장 정확한 대푯값인 것은 아니에요. 이렇게 자료에 따라 적절한 대푯값이 있답니다.

105 편차의 성질을 이용한 미지수 구하기

다음 표는 A, B, C, D, E 5명의 수학 성적에 대한 편차를 나타낸 것이다. 5명의 점수 평균이 (60)점일 때, B의 점수를 구하여라.

학생	A	B	C	D	E
편차(점)	6	x−5	x−2	x	−5

↳ 변량 = 평균+편차

! Tip

- 편차란 평균에서 얼마나 떨어져 있는지 값으로 나타낸 것이에요.
  ① (편차)=(변량)−(평균)
  ② (편차의 총합)=0

풀·이·쓰·기

(변량) = (평균)+(편차) 이므로

↳ 60점에 각 편차를 적용

A	B	C	D	E
66	55+x	58+x	60+x	55

이게 각 변량, 실제점수

이 자료로 평균을 구하는 식을 만들면

$$\frac{66+(55+x)+(58+x)+(60+x)+55}{10}$$

$$=\frac{294+3x}{5}=60$$] 양변 ×10

→ $294+3x=300$

$3x=6$

$x=2$

따라서, B의 점수는

→ $55+x=55+2=$ 57점

답 57점

난이도 ★★★☆☆

1

다음은 어떤 자료에 대한 편차이다. $a+b$의 값을 구하여라.

✎ 풀이 쓰기

편차(회)	-5	-1	a	4	b

Hint 편차의 총합은 항상 0이에요.

2

다음 표는 4명 학생의 영어 성적에 대한 편차를 나타낸 것이다. 4명 학생의 평균이 80점일 때, 지연이의 점수를 구하여라.

✎ 풀이 쓰기

학생	고은	지연	은진	진아
편차(점)	$x+2$	$x-6$	x	-2

알아두면 좋아요

자료	5	7	1	3

다음과 같이 자료가 있을 때, 이 자료의 평균은 $\frac{5+7+1+3}{4}=4$에요.
이제 편차를 구해 볼까요?

자료	5	7	1	3
편차	1	3	-3	-1

평균보다 3만큼 크다. $=+3$
평균보다 3만큼 작다. $=-3$

106 분산과 표준편차

다음 자료는 또원이네 반 학생들의
1분동안 윗몸일으키기를 한 횟수이다.
이 자료의 표준편차를 구하여라.

30, 37, 40, 33, 21, 31

(단위: 회)

* 표준편차 구하는 순서
평균 → 편차 → $(편차)^2$ → 분산 → 표준편차

풀·이·쓰·기

① 평균을 구하자

$$\frac{30+37+40+33+21+31}{6} = \frac{192}{6} = 32\ (회)$$

② 편차를 구하자 → $(편차)^2$ 까지

변량	30	37	40	33	21	31
편차	-2	5	8	1	-11	-1
$(편차)^2$	4	25	64	1	121	1

③ 분산을 구하자.

$$\frac{(편차)^2의 합}{6} = \frac{4+25+64+1+121+1}{6} = \frac{216}{6} = 36$$

④ 표준편차

$$\sqrt{분산} = \sqrt{36} = 6$$

답 6

Tip

- 분산은 자료가 얼마나 퍼져 있는지 알려주는 값이에요. 그리고 음의 값을 가질 수 없어요.

$$(분산) = \frac{(편차)^2의\ 총합}{(변량의\ 개수)}$$

- 표준편차 역시 자료가 얼마나 퍼져 있는지를 알려주는 값이에요. 단, 분산이 편차를 제곱한 값을 이용하다 보니까 그 값이 너무 커질 수도 있어서 제곱근을 씌운 것이죠.

$$(표준편차) = \sqrt{(분산)}$$

난이도 ★★★★☆

1

다음은 소원이네 반 학생들이 1년 동안 책을 몇 권 읽었는지 조사한 자료이다. 이 자료의 분산과 표준편차를 구하여라.

(단위: 권)

5, 8, 10, 7, 6, 9, 7, 12

풀이 쓰기

2

다음은 A, B, C, D, E 5명 학생의 몸무게를 조사한 자료의 편차를 나타낸 것이다. 이 자료의 표준편차를 구하여라.

학생	A	B	C	D	E
편차(kg)	-3	-1	3	0	x

풀이 쓰기

Hint 편차의 총합은 0임을 이용하면 바로 x를 구할 수 있고, (편차)^{2}을 이용하면 바로 분산을 구할 수 있어요.

알아두면 좋아요

분산과 표준편차에 대한 문제를 풀 때 주의할 점!
표준편차는 변량과 같은 단위를 사용해요. 예를 들어 변량이 10명, 12명 등의 '명'을 단위로 사용했으면 표준편차 역시 '명'을 단위로 사용해야 해요.

Ⅶ 통계

107 평균과 분산을 이용한 변량값 구하기

5개의 변량 8, x, y, 7, 11 의 평균이 8 이고(①) 분산이 $\frac{6}{5}$일 때(②), x^2+y^2의 값을 구하여라.

풀·이·쓰·기

① 평균이 8 이므로

$$\frac{8+x+y+7+11}{5} = \frac{26+x+y}{5}$$

$$\Rightarrow \frac{26+x+y}{5} = 8$$

양변 ×5

$$26+x+y = 40$$

$$\boxed{x+y=14}$$

② 분산이 $\frac{6}{5}$이므로

변량	8	x	y	7	11
편차	0	$x-8$	$y-8$	-1	3
제곱	0	$(x-8)^2$	$(y-8)^2$	1	9

$$\Rightarrow \text{분산} = \frac{0+(x-8)^2+(y-8)^2+1+9}{5}$$

$$= \frac{(x^2-16x+64)+(y^2-16y+64)+10}{5}$$

$$= \frac{x^2+y^2-16(x+y)+138}{5} = \frac{6}{5}$$

여기에서! ①에서 $\boxed{x+y=14}$ 이용

$$x^2+y^2-16\times14+138=6$$

$$x^2+y^2-224+138=6$$

$$x^2+y^2-86=6 \rightarrow \boxed{x^2+y^2=92}$$

답 92

Tip

- 위 문제에서는 평균과 분산이 주어졌어요. 분산은 편차를 제곱한 값을 변량의 개수로 나눈 값이에요.
  문제에서 주어진 평균을 이용해서 편차를 먼저 구한 뒤, 분산을 구하는 식을 이용하여 방정식을 세우면 문제를 풀이할 수 있을 거예요.

난이도 ★★★★★

1

다음 주어진 5개의 변량의 평균이 8이고, 분산이 $\frac{26}{5}$일 때, x^2+y^2의 값을 구하여라.

5	x	11	y	10

풀이 쓰기

Hint 다음의 표를 채우면서 문제를 풀어요.

변량	5	x	11	y	10
평균					
편차					
분산					

알아두면 좋아요

분산과 표준편차를 이용하면 그 자료가 어떠한지 어느 정도 분석할 수 있어요.
분산과 표준편차의 값이 작으면, 변량들이 평균에 집중되어 있다는 것을 뜻하고,
분산과 표준편차의 값이 크면, 변량들이 평균을 중심으로 넓게 흩어져 있다는 것을 뜻해요.
즉, 분산과 표준편차가 작을수록 변량이 평균을 중심으로 가까이 모여 있으므로 자료가 더 고르다고 볼 수 있어요.

108 두 집단 전체의 평균과 표준편차

다음 표는 A, B 모둠의 쪽지시험 점수에 관한 것이다. A, B 모둠 전체학생의 평균과 표준편차를 구하여라.

	A모둠	B모둠
평균(점)	8	7
표준편차(점)	5	3
인원(명)	4	6

풀·이·쓰·기

① 전체 평균

→ $\dfrac{\overset{A}{8점 \times 4명} + \overset{B}{7점 \times 6명}}{전체\ 10명}$

→ $\dfrac{32+42}{10} = \dfrac{74}{10} = \boxed{7.4점}$

② 전체 표준편차

→ $\sqrt{\dfrac{(편차)^2의\ 총합}{도수\ 총합}}$ (편차 → $(표준편차)^2 \times (도수)$)

→ $\sqrt{\dfrac{5^2 \times 4명 + 3^2 \times 6명}{전체\ 10명}}$

→ $\sqrt{\dfrac{25 \times 4 + 9 \times 6}{10}} = \sqrt{\dfrac{100+54}{10}}$

$= \sqrt{\dfrac{154}{10}} = \boxed{\sqrt{15.4}}$

Tip

- 평균에서 표준편차까지 구하는 방법을 순서대로 잘 알고 있어야 해요.

평균 → 편차 → 분산 → 표준편차

이 순서를 잘 기억하세요.

답 $\sqrt{15.4}$

난이도 ★★★★☆

1

다음 표는 A, B, C 세 모둠의 수행평가 점수에 관한 자료이다. 전체 학생의 평균과 표준편차를 구하여라.

	A	B	C
평균(점)	8	5	6
표준편차(점)	$\sqrt{3}$	2	$\sqrt{5}$
인원(명)	3	3	4

풀이 쓰기

VII

통계

알아두면 좋아요

평균이 같은 두 집단 A, B의 표준편차와 변량의 개수가 다음 표와 같을 때, A, B 두 집단 전체의 표준편차는 다음과 같아요.

$$\Rightarrow \sqrt{\frac{(\text{편차})^2\text{의 총합}}{(\text{변량의 개수})}}=\sqrt{\frac{ax^2+by^2}{a+b}}$$

	A	B
표준편차	x	y
변량의 개수	a	b

109 자료의 분석

다음 표는 인천과 부산 두 지역의
지난 5일 동안의 1일 최고 강수량을
조사하여 나타낸 것이다.
1일 최고 강수량이 더 고른 지역을
고르고, 그 이유를 말하여라.

(단위: cm)

	월	화	수	목	금
인천	1.6	1.8	1.0	2.0	0.6
부천	2.2	2.0	1.7	1.3	0.8

Tip

- 표준편차가 작다.
  → 자료의 분포상태가 고르다.
  표준편차가 크다.
  → 자료의 분포상태가 고르지 않다.

풀·이·쓰·기

① 인천의 평균강수량

$$= \frac{1.6+1.8+1.0+2.0+0.6}{5}$$

$$= \frac{7}{5} = \boxed{1.4\text{ cm}}$$

② 부산의 평균 강수량

$$= \frac{2.2+2.0+1.7+1.3+0.8}{5}$$

$$= \frac{8}{5} = \boxed{1.6\text{ cm}}$$

③ 두 지역의 편차를 나타내면

	월	화	수	목	금
인천	0.2	0.4	-0.4	0.6	-0.8
부산	0.6	0.4	0.1	-0.3	-0.8

④ 분산을 구하자

인천 $\frac{0.2^2+0.4^2+(-0.4)^2+(0.6)^2+(-0.8)^2}{5}$

부산 $\frac{0.6^2+0.4^2+0.1^2+(-0.3)^2+(-0.8)^2}{5}$

인천 $= \frac{1.36}{5} = 0.272$ ↙ 인천이 분산이 더 크다!

부산 $= \frac{1.26}{5} = 0.252$

답 부산, 인천의 분산보다 값이 작으므로 자료의 분포상태가 더 고르다.

난이도 ★★☆☆☆

1

다음은 도현이네 반과 민국이네 반 학생들의 5일에 걸친 지각 인원을 조사한 자료이다. 자료의 분포가 더 고른 반을 찾고, 그 이유를 말하여라.

(단위: 명)

일 / 반	1	2	3	4	5
도현이네 반	2	5	10	3	5
민국이네 반	10	8	5	10	2

풀이 쓰기

Hint 자료의 분포가 더 고르다는 것은 표준편차가 더 작은 것을 의미해요.

알아두면 좋아요

표준편차의 크기에 따라 자료의 분포를 어느 정도 분석할 수 있었죠?
그런데 이 표준편차가 분산에 제곱근을 씌운 값이므로 둘 이상의 집단을 비교할 때는 분산의 값으로도 자료의 분포상태를 비교할 수 있답니다.

표준편차가 ─┬ 크다=분산도 크다.
　　　　　　└ 작다=분산도 작다.

Ⅶ 통계

110 산점도

다음은 지수네반 학생 15명이 작년과 올해 읽은 책의 권수를 조사하여 나타낸 산점도이다. 이어지는 물음에 답하여라.

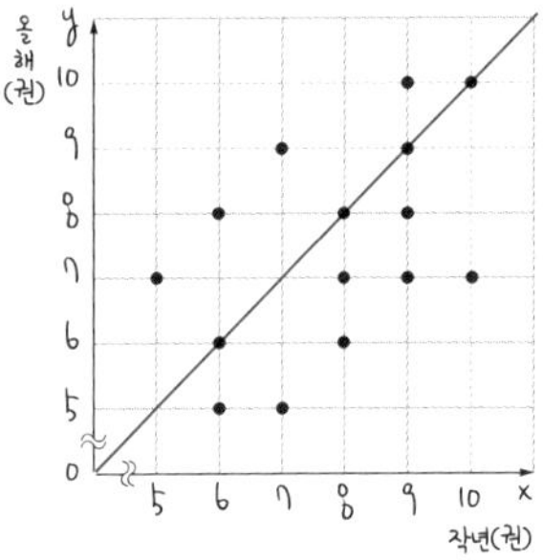

(1) 작년에 책을 7권이하로 읽은 학생은 전체의 몇 % 인가?

(2) 작년보다 올해 책을 더 많이 읽은 학생수를 구하여라

Tip

- 산점도는 두 변량 x, y의 순서쌍 (x, y)를 좌표평면 위에 점으로 나타낸 그림을 말해요.

예 두 변량의 합 또는 평균에 대한 조건이 주어질 때의 산점도

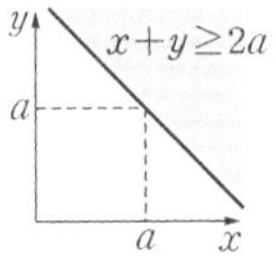

합이 $2a$ 이상 또는 평균이 a 이상

예 두 변량의 차에 대한 조건이 주어질 때의 산점도

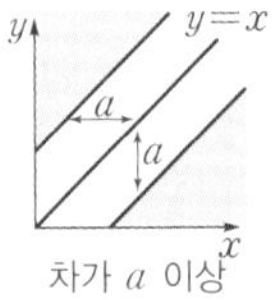

차가 a 이상

풀·이·쓰·기

(1) 그래프에서 작년기준 7권 이하로 잘라보면

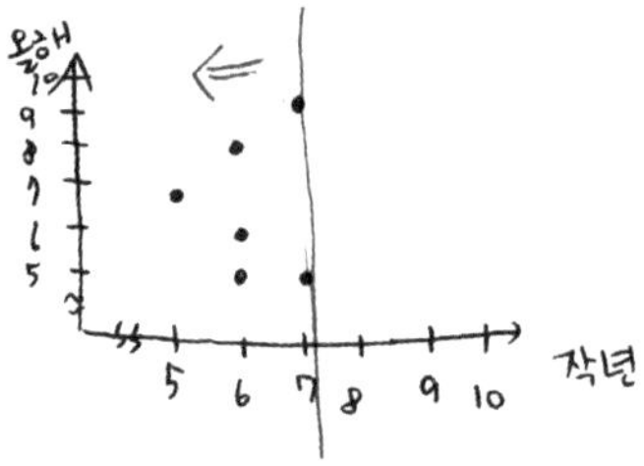

⇒ 총6명 이므로

→ $\frac{6}{15}\times 100 =$ 40 %

(2) 작년보다 올해 책을 더 많이 읽은 학생은

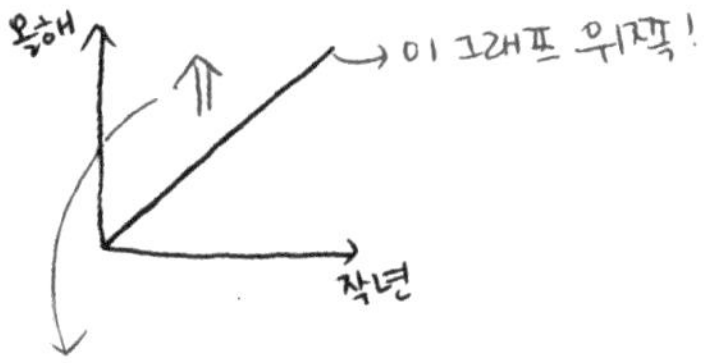

여기부분에 4개의 점이 있으므로 4명 이 더 올해 많이읽었다.

답 (1) 40%, (2) 4명

난이도 ★★★☆☆

1

다음은 명희네 반 학생 10명의 수행평가 1차, 2차 점수를 조사하여 나타낸 산점도이다. 다음 물음에 답하여라.

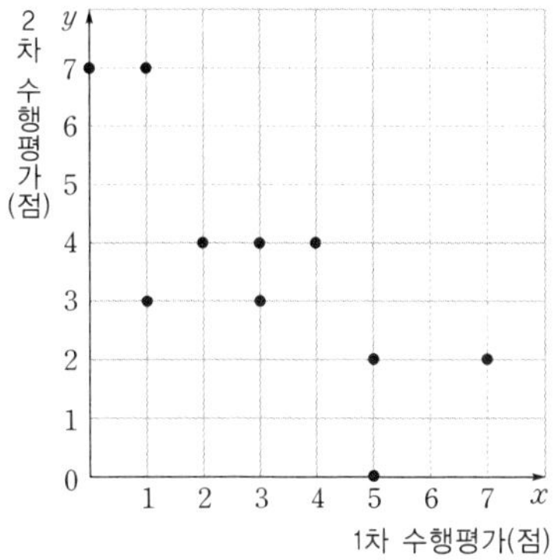

(1) 두 평가 중 하나라도 6점 이상을 맞은 학생은 전체의 몇 %인지 구하여라.

(2) 1차 수행평가보다 2차 수행평가에 시험을 더 잘 본 학생 수를 구하여라.

(3) 두 시험 점수의 평균이 3점 이하인 학생 수를 구하여라.

Hint 1차 수행평가도 3점 이하, 2차 수행평가도 3점 이하인 학생을 찾아요.

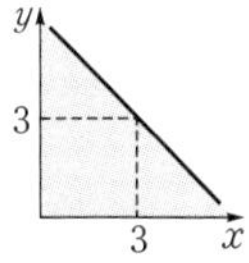

풀이 쓰기

VII 통계

111 상관관계

다음 중 두 변량사이의 상관관계가 같은 것끼리 짝지어라.

㉠ 에어컨 사용시간과 전기요금

㉡ 몸무게와 충치개수

㉢ 지각 횟수와 벌점

㉣ 하루 중 낮의길이와 밤의길이

㉤ 신발사이즈와 가격

㉥ 공부시간과 쉬는시간

! Tip

- 다음 산점도에서
  A는 x의 값에 비하여 y의 값이 크고,
  B는 x의 값에 비하여 y의 값이 작아요.

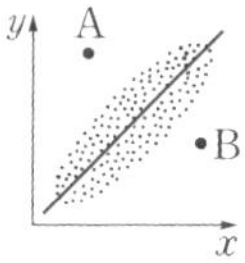

풀·이·쓰·기

㉠ 에어컨사용↑ ⇒ 전기요금⇑

양의 상관관계

㉡ 몸무게랑 충치개수는 상관없어!

→ 상관관계가 X

㉢ 지각↑ ⇒ 벌점↑

⇒ 양의 상관관계

㉣ 낮이길면 → 당연히 밤이 짧지

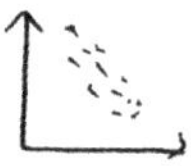

⇒ 음의 상관관계

㉤ 신발사이즈가 크다고 가격이 비싼가?

→ 상관관계 X

㉥ 공부시간↑ → 쉬는시간↓

→ 음의 상관관계

답 양의 상관관계: ㉠, ㉢
음의 상관관계: ㉣, ㉥
상관관계가 없다: ㉡, ㉤

난이도 ★★☆☆☆

1

다음 | 보기 |에서 두 변량의 상관관계가 다음과 같이 나타나는 것을 모두 골라라.

보기

㉠ 허리둘레와 몸무게
㉡ 시력과 키
㉢ 산의 높이와 기온
㉣ 운동량과 비만도

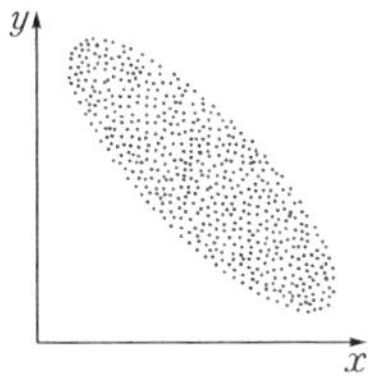

풀이 쓰기

2

다음은 윤혁이네 반 학생 4명의 키와 몸무게를 조사하여 나타낸 산점도이다. 물음에 답하여라.

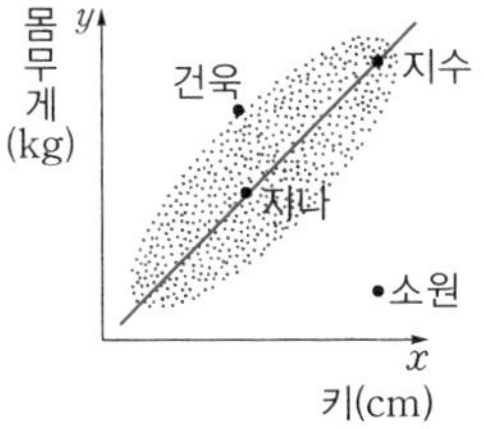

(1) 위 자료의 상관관계를 구하여라.

(2) 키보다 몸무게가 작게 나가는 학생을 구하여라.

(3) 키와 몸무게가 가장 큰 학생을 구하여라.

풀이 쓰기

Ⅶ 통계

쌤의 수학 읽을거리

여러 가지 상관관계

① 양의 상관관계는 한 변량이 증가하면 다른 변량도 대체로 증가해요.

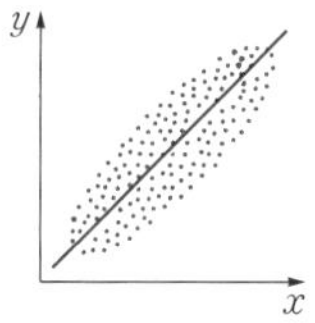

[강한 양의 상관관계]

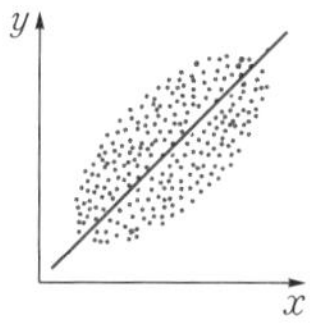

[약한 양의 상관관계]

② 음의 상관관계는 한 변량이 증가하면 다른 변량은 대체로 감소해요.

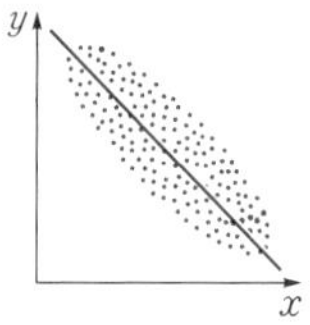

[강한 음의 상관관계]

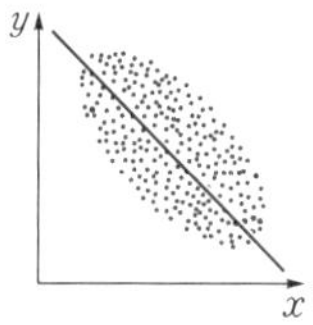

[약한 음의 상관관계]

③ 다음과 같은 산점도를 가지면 상관관계가 없다고 볼 수 있어요.

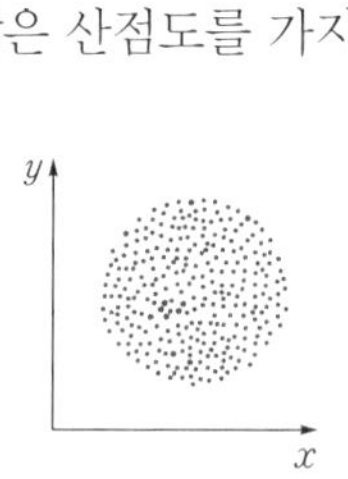

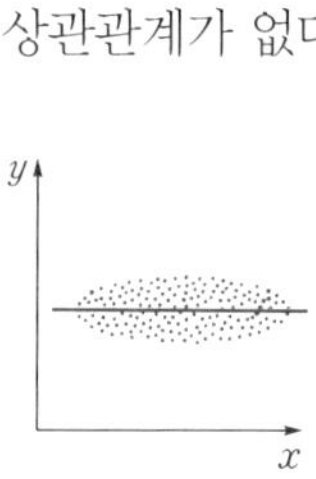

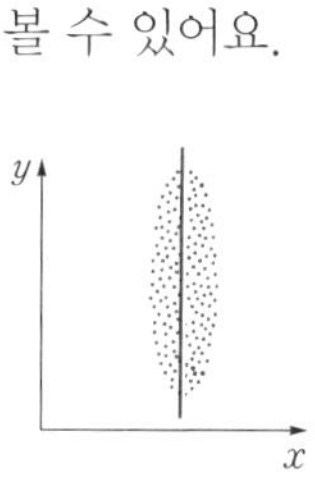

상관관계는 이렇게나 다양해요. 지금은 쉬운 개념 같아 보여도 정보통신(IT) 분야, 데이터를 다루는 분야 등에서 상관관계는 정말 많이 쓰인답니다.

여기에 쌤이 대표적인 상관관계와 그 예를 하나씩 적었어요. 빈 곳에 여러분들이 다양한 상관관계의 예시들을 만들어 적어 볼까요?

①

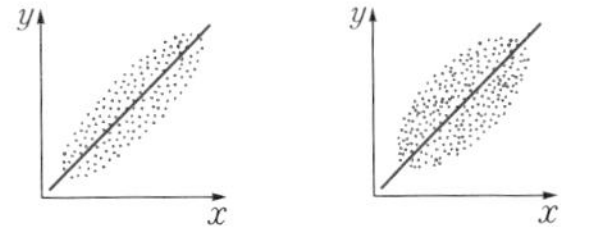

[강한 양의 상관관계] [약한 양의 상관관계]

예시

- 허리둘레와 바지 크기

②

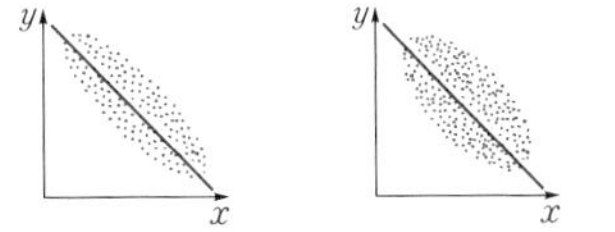

[강한 음의 상관관계] [약한 음의 상관관계]

예시

- 고객센터 고객의 대기 시간과 상담 만족도

③

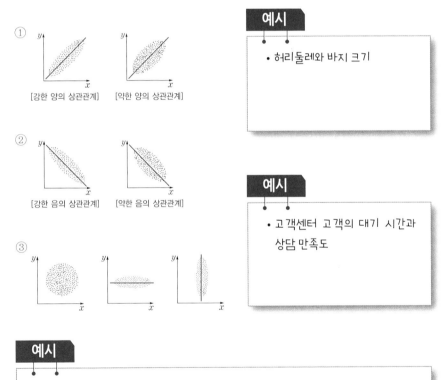

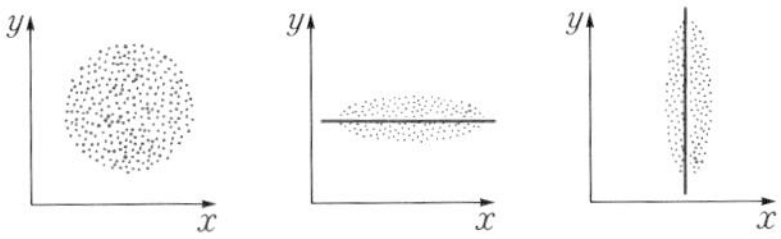

예시

- 발의 크기와 신발 가격

정답

I. 제곱근과 실수

유형 **001**	1 4	2 3
유형 **002**	1 ②	2 ③
유형 **003**	1 ①, ④	2 ②, ③
유형 **004**	1 9	2 $-2a+b$
유형 **005**	1 (1) 3, (2) 10, (3) 2, (4) 2	
유형 **006**	1 (1) 5, (2) 9, (3) 11, (4) 31	
유형 **007**	1 11	2 6개
유형 **008**	1 ㉣, ㉥	2 2개
유형 **009**	1 ②, ⑤	2 ①
유형 **010**	1 $3-\sqrt{7}$	2 $\mathrm{P}(3+\sqrt{5})$, $\mathrm{Q}(3-\sqrt{5})$
유형 **011**	1 (1) E, (2) D, (3) A	
유형 **012**	1 (1) $\mathrm{A}(2-\sqrt{11})$, $\mathrm{B}(\sqrt{7})$, $\mathrm{C}(2+\sqrt{3})$, (2) $\mathrm{C}(2+\sqrt{3})$	
유형 **013**	1 (1) $6\sqrt{15}$, (2) $\sqrt{\frac{3}{2}}$, (3) $\sqrt{6}$, (4) $4\sqrt{2}$	
유형 **014**	1 (1) $a=5$, $b=12$, (2) $a=10$, $b=\frac{7}{18}$	
유형 **015**	1 ②, ⑤	2 ④
유형 **016**	1 (1) $\frac{\sqrt{7}}{\sqrt{3}}$, (2) $\frac{3\sqrt{10}}{5}$	2 $\frac{1}{3}$
유형 **017**	1 $a=6$, $b=3\sqrt{6}$	2 $10\sqrt{14}\ \mathrm{cm}^2$
유형 **018**	1 $4\sqrt{2}$	2 11
유형 **019**	1 $a=4$, $b=7$	2 -4

유형 020　1 2　　2 $2\sqrt{5}-2\sqrt{10}$

유형 021　1 (1) 3, (2) 3

유형 022　1 $a=4$, $b=\sqrt{10}-3$　　2 8

유형 023　1 $\mathrm{P}(3-\sqrt{3})$, $\mathrm{Q}(10+\sqrt{3})$

유형 024　1 (1) $a>b$, (2) $b>c$, (3) a

Ⅱ. 다항식의 곱셈과 인수분해

유형 025　1 (1) $6x^2+13xy-5y^2$, (2) $5a^2+7ab+2b^2-10a-4b$

2 8

유형 026　1 (1) $4x^2+4xy+y^2$, (2) $9x^2-12xy+4y^2$, (3) $x^2+10xy+25y^2$

2 35

유형 027　1 (1) a^2-9, (2) $-4a^2+25b^2$　　2 $x^{16}-1$

유형 028　1 $x^2-7x+12$　　2 7

유형 029　1 -21　　2 ③

유형 030　1 $a^2-10a+25-9b^2$　　2 0

유형 031　1 ㉡, ㉢　　2 $14-6\sqrt{5}$

유형 032　1 $4-\sqrt{15}$　　2 1

유형 033　1 (1) 54, (2) 114　　2 2

유형 034　1 96　　2 $21-8\sqrt{3}$

유형 035　1 ③, ⑤　　2 ㉠, ㉤

유형 036　1 (1) $(3x-1)^2$, (2) $(x+5)(x-5)$

2 (1) $5y(x-1)^2$, (2) $-3(x+2y)(x-2y)$

유형 037　1 (1) $(x+5)(x+2)$, (2) $(2x+3)(x-3)$

2 ④

유형 **038** 1 $a=49$, $b=30$ 2 16

유형 **039** 1 $a+2b$ 2 ④

유형 **040** 1 10 2 -21

유형 **041** 1 1 2 $3(x+y+3)(x+y-2)$

유형 **042** 1 (1) $(x-2)(x^2+2)$, (2) $(x+3y+1)(x-3y+1)$

2 $(x^2+x-8)(x+3)(x-2)$

유형 **043** 1 $x+9$ 2 $x+3$

Ⅲ. 이차방정식

유형 **044** 1 1 2 $-\frac{3}{4}$

유형 **045** 1 (1) $x=3$, (2) $x=-2$, $\frac{5}{3}$ 2 2개

유형 **046** 1 -5 2 10

유형 **047** 1 $a=25$, $b=5$, $c=-6$ 2 20

유형 **048** 1 $4\sqrt{2}$ 2 9

유형 **049** 1 $3\pm\sqrt{2}$

2 (1) $p=-5$, $q=19$, (2) $5\pm\sqrt{19}$

유형 **050** 1 (1) $\frac{7\pm\sqrt{61}}{2}$, (2) $-2\pm\sqrt{13}$

2 43

유형 **051** 1 (1) 0개, (2) 1개, (3) 2개 2 ㉠, ㉢

유형 **052** 1 5개 2 $\frac{25}{8}$

유형 **053** **1** ⑴ $3x^2-12x-15=0$, ⑵ $\frac{1}{2}x^2-4x+8=0$

2 $3x^2+15x+18$

유형 **054** **1** 10, 11, 12 **2** 9

유형 **055** **1** ⑴ 16초, ⑵ 6초, 10초

유형 **056** **1** 5 m

Ⅳ. 이차함수

유형 **057** **1** ①, ⑤ **2** ②

유형 **058** **1** ④

유형 **059** **1** $a=2$, $b=7$ **2** ㉡, ㉣

유형 **060** **1** ⑴ ㉠$(0, -7)$, ㉡$(5, 0)$, ⑵ ㉠ $x=0$, ㉡ $x=5$

2 2

유형 **061** **1** ③ **2** -2

유형 **062** **1** ⑴ $y=\frac{1}{2}(x-2)^2-5$, ⑵ -3

유형 **063** **1** ⑴ $a<0$. $p<0$, $q>0$, ⑵ 제1사분면, 제2사분면

유형 **064** **1** $y=3(x-1)^2-2$

2 꼭짓점의 좌표: $(1, 2)$, 축의 방정식: $x=1$

유형 **065** **1** ⑴ $(0, -3)$, ⑵ $\left(-\frac{1}{2}, 0\right)$, $(3, 0)$

2 $(-1, 0)$, $(6, 0)$

유형 **066** **1** ⑤ **2** $x<1$

유형 **067** **1** -5 **2** $k=1$

유형 **068** **1** ⑴ 8, ⑵ 16, ⑶ 64

유형 **069** 1 $a<0$, $b<0$, $c>0$ 2 ⑤

유형 **070** 1 $a=-\frac{1}{4}$, $b=-1$, $c=2$ 2 $a=-2$, $b=4$, $c=4$

유형 **071** 1 $a=3$, $b=12$, $c=11$ 2 $y=-x^2+2x+4$

유형 **072** 1 $y=x^2+x+2$ 2 $y=-x^2+2x+4$

유형 **073** 1 (1) $y=-\frac{1}{2}x^2+x+4$, (2) $\left(1, \frac{9}{2}\right)$

V. 삼각비

유형 **074** 1 (1) 10, (2) 6, (3) $\frac{3}{5}$

유형 **075** 1 $\frac{\sqrt{7}}{3}$

유형 **076** 1 $\frac{7}{13}$

유형 **077** 1 $\frac{9}{10}\sqrt{10}$ 2 $\frac{7}{5}$

유형 **078** 1 $\frac{\sqrt{6}}{2}$ 2 $\frac{\sqrt{6}}{3}$

유형 **079** 1 $y=2\sqrt{6}$, $y=4\sqrt{3}$

유형 **080** 1 (1) $\tan x-\tan 45°$, (2) $-\cos x$

2 $\sin 40°$, $\cos 0°$, $\tan 70°$, $\tan 80°$

유형 **081** 1 $4\sqrt{6}$ 2 $160\ \text{cm}^3$

유형 **082** 1 (1) $5\sqrt{3}$, (2) $2\sqrt{37}$

유형 **083** 1 (1) $5\sqrt{6}$, (2) 6

유형 **084** 1 (1) $12-4\sqrt{3}$, (2) $5\sqrt{3}$

유형 **085**　1 $15\sqrt{2}\ \text{cm}^2$　2 $10\ \text{cm}$

유형 **086**　1 $18\sqrt{2}\ \text{cm}^2$　2 $30\sqrt{3}\ \text{cm}^2$

Ⅵ. 원의 성질

유형 **087**　1 $2\sqrt{39}$　2 $12\sqrt{2}$

유형 **088**　1 $\frac{17}{3}$　2 $2\sqrt{3}\ \text{cm}$

유형 **089**　1 $12\sqrt{7}\ \text{cm}^2$　2 $\angle \text{ABC}=65^\circ$, $\overline{\text{AB}}=10\ \text{cm}$

유형 **090**　1 2　2 $9\pi\ \text{cm}^2$

유형 **091**　1 (1) $3\pi\ \text{cm}^2$, (2) $7\ \text{cm}$

유형 **092**　1 $18\pi\ \text{cm}^2$　2 $30\ \text{cm}^2$

유형 **093**　1 $3\ \text{cm}$　2 $9\pi\ \text{cm}^2$

유형 **094**　1 $6\ \text{cm}$　2 $7\ \text{cm}$

유형 **095**　1 10

유형 **096**　1 (1) 90°, (2) 65°　2 $\angle x=50^\circ$, $\angle y=260^\circ$

유형 **097**　1 (1) 40°, (2) 30°, (3) 22°, (4) 55°

유형 **098**　1 (1) 75°, (2) 40°　2 60°

유형 **099**　1 (1) 120°, (2) 150°, (3) 80°

유형 **100**　1 (1) 18°, (2) 80°

유형 **101**　1 (1) 70°, (2) 30°, (3) 20°

유형 **102**　1 (1) 76°. (2) 42°

Ⅶ. 통계

유형 **103** 1 평균: 7.3, 중앙값: 7, 최빈값: 5, 7

2 7

유형 **104** 1 94점 2 41분

유형 **105** 1 2 2 76점

유형 **106** 1 분산: $\frac{9}{2}$, 표준편차: $\frac{3\sqrt{2}}{2}$권 2 2 kg

유형 **107** 1 100

유형 **108** 1 평균: 6.3점, 표준편차: $\sqrt{4.1}$점

유형 **109** 1 도현이네 반의 분산이 더 작으므로 도현이네 반의 자료의 분포가 더 고르다.

유형 **110** 1 (1) 30 %, (2) 5명, (3) 4명

유형 **111** 1 ㉢, ㉣

2 (1) 양의 상관관계, (2) 소원, (3) 지수

중학수학 유형 레시피 (중3)

1판 2쇄 펴냄 | 2021년 11월 5일

지은이 | 이지연
발행인 | 김병준
편　집 | 김경찬 · 이호정 · 김현정
기　획 | EBS MEDIA
마케팅 | 정현우
본문 삽화 | 김재희
표지디자인 | 이순연
본문디자인 | 종이비행기 · 월기획
발행처 | 상상아카데미

등록 | 2010. 3. 11. 제313-2010-77호
주소 | 서울시 마포구 독막로 6길 11(합정동), 우대빌딩 2, 3층
전화 | 02-6953-8343(편집), 02-6925-4188(영업)
팩스 | 02-6925-4182
전자우편 | main@sangsangaca.com
홈페이지 | http://sangsangaca.com

ISBN 979-11-85402-27-7 43410